地铁公共艺术创作——从观看，到实践

SUBWAY PUBLIC ART CREATION: FROM VIEWING TO PRACTICE

武定宇　著

Author: WU Dingyu

北京高等学校青年英才计划项目“北京地铁公共艺术规划与创作研究”（项目编码：YETP1764）

Beijing Higher Education Young Elite Teacher Project

"Research on Beijing Subway Public Art Planning and Creation" (Item Code: YETP1764)

海洋出版社

2016年・北京

CONTENTS

目录

作者简介 AUTHOR INTRODUCTION

作者简介
AUTHOR INTRODUCTION

WU DINGYU
武定宇 （1981— ）

在读博士生　河南信阳人
青年雕塑家　中国公共艺术研究者

2010 年毕业于中央美术学院造型学院雕塑系，获取硕士学位，师从王中教授。

2014 年至今 中国艺术研究院研究生院攻读雕塑技法与创作方向博士学位，师从吴为山教授。

现为北京联合大学艺术学院教师，中央美术学院中国公共艺术研究中心副主任，中国城市雕塑家协会公共艺术创研部副主任，中央美术学院城市设计学院课程教师，北京央美城市公共艺术院设计总监。国家社科基金艺术学青年项目主持人，国家艺术基金“青年艺术创作人才资助项目”获得者，北京高等学校“青年英才计划”人才，中国雕塑学会会员，全国城市雕塑创作资格认证人员，中国高级环境艺术师。主要从事中国公共艺术发展史研究，公共艺术与城市雕塑实践研究，并在《美术研究》《装饰》《城市轨道交通研究》等国内外重要刊物上发表学术论文十余篇。

艺术经历

2007 中国当代艺术院校大学生年度提名展	北京今日美术馆
2008 人文平台—中国当代青年雕塑家肖像作品展	天津人文雕塑公园
2008 学院之光·优秀学生作品展	中央美术学院美术馆
2009 中国姿态·首届中国雕塑大展	中国雕塑学会全国巡展
2009 中国第二届环境艺术奖	中国环境艺术专业委员会
2009“徐悲鸿奖”2009 宜兴中国城市雕塑大赛	全国城市雕塑建设指导委员会
2011 2010 年度全国城市雕塑建设项目	全国城市雕塑建设指导委员会
2011 第三届中国环境艺术奖	中国环境艺术专业委员会
2012 2011 年全国优秀城市雕塑建设项目	全国城市雕塑建设指导委员会
2012 第五届“100 个艺术家”展览	纽约 ouchi 美术馆
2013 中国中青年雕塑邀请展“体积与对话”	中央美术学院美术馆
2013 中国中央电视台雕塑大赛	中央电视台 中国雕塑院
2013 2012 全国优秀城市雕塑建设项目	全国城市雕塑建设指导委员会
2014 第二届苏州·金鸡湖双年展 中国当代青年雕塑展	中国雕塑院
2014 青岛高新区国际雕塑创作营邀请展	青岛市高新区人民政府
2015 中国·青岛雕塑院室外典藏作品邀请展	青岛市人民政府 中国雕塑院
2015 “早春三月”中国艺术研究院 2014 级博士研究生作品展	文化部恭王府
2015 接力——中央美术学院教师写生创作展	中国美术馆
2015 第五届刘开渠奖国际雕塑大赛	中国雕塑学会
2016 第三届苏州·金鸡湖双年展	中国城市雕塑家协会

序言 PREFACE

序言（一）
PREFACE (1)

城市的意象除了来自城市本身的规划建设外，很大一部分都来自于城市的文化建构和公共空间的艺术营造。而公共艺术在中国，已然走过了几十年的发展历程，现已呈现出了较为丰富的艺术形式，在城市文化建设中扮演着重要的角色。

中国的城市雕塑发端于鸦片战争后，而 20 世纪 20 年代是中国雕塑家塑造中华杰出人物并以反帝反封建的伟大业绩为表现对象的时期。因此，城市雕塑在中国是伴随着社会发展进步而展开的。由于城市雕塑的公共性，近些年有学者将城市雕塑纳入公共艺术的范畴，我想这个也是可以的，我们毋须在名词上面做过多文章。从一方面，它反映了城市雕塑的社会性、人民性、时代性，公共文化的精神性。自 20 世纪 20 年代之后，中国一批优秀的艺术家到西方去留学，把西方雕塑中的两个方式引到了中国，第一个是肖像塑造法，第二个是纪念碑建造法。新中国建立之后，雕塑家们用这“两法”塑造工农兵、劳模、英雄人物、领袖并表现革命的历史，这些朴素、直白的表现成为 20 世纪五六十年代的审美特征。“文革”期间，则发展为“红光亮、高大全”的艺术表现。改革开放之后，中国的城市雕塑，特别是 1982 年全国城市雕塑规划领导小组建立之后，刘开渠先生当组长，城市雕塑的建设进入一个有计划、有步骤的发展阶段。改革开放的动力使得中国的城市雕塑呈现了一个多元并存、百花齐放的局面。

在 2008 年住建部任命我担任全国城市雕塑艺术委员会主任，面对城市雕塑的“大跃进”和不同价值观、艺术观并存，我就提出 “中国精神、中国气派、时代风格”是中国城市雕塑的发展的方向。不久在长春召开的第四届世界雕塑大会上，又加上了“国际视野”。基于中国城市雕塑与公共艺术的发展脉络，中国的公共艺术要秉承“中国精神、中国气派、时代风格、国际视野”的发展方向，同时，还应该着重关注三个方面：第一，公共艺术是和“公共”发生关系的艺术形式，所以从视觉、构成、造型、创作过程等方面来讲都要关注“公共”的因素；第二，也是核心问题，公共艺术要体现“人民的意志”，所以每一个艺术家应当对自己所创作空间的历史、自然、人文，还有当下的风土人情有所了解；第三，公共艺术要注重组织和策划，我们应该了解不同艺术家的优点，合理地借助他们不同的风格，来发展多元化的、多向性的、多样化的公共艺术。

公共艺术没有绝对的标准，我认为要做到“一目了然，回味无穷，雅俗共赏，喜闻乐见”，有了这几点以后，作品就会有魅力。

青年学者武定宇，从事公共艺术的实践已有十余年的时间。他视角独特，为人诚恳，勤奋，做事认真，在公共艺术领域已小有成绩。特别是这几年，在读博期间他加强对理论的学习与研究，使得他的公共艺术道路更加清晰。近两年来，他在地铁空间中进行公共艺术的创作。与以往不同的是，在地铁公共艺术实践项目中，他加强了对创作过程的记录和自身理论思考的归纳、整理，并将这些成果准备出版成册。这应该算是他完成了一份自己布置的作业，是阶段性公共艺术创作的总结。望他在未来的创作与研究中，坚持理论与实践的互动，在实践中体悟前人理论，并以发展的理论引领新的实践。

是为序！

吴为山

于中国美术馆

2015 / 11 / 15

吴为山 （教授、博士生导师，现为中国美术馆馆长，中国美术家协会副主席）

序言（二）
PREFACE (2)

不同的国家和民族，不同的城市，在不同的历史时期，对公共艺术的阐释都是不同的。如果我们将公共艺术的历史追溯到 19 世纪末巴塞罗那的“裴塞拉”法案，到美国的城市美化运动，再到费城的百分比公共艺术政策，就可以看到，早期的公共艺术提出，是以提升城市美誉度为目的的城市公共艺术。公共艺术投资比例通常是 1%，因此该政策通常被称作“百分比艺术政策”， 除了公共艺术，世界上没有哪种艺术是政府通过法律法规来保障落实与完善的，公共艺术不仅是一种当代文化现象，也是一个由西方福利国家兴起的、强调艺术的公益性和文化福利，通过国家和城市立法机制而带来的具有强制特征的文化政策。

另一方面，公共艺术又反映了艺术本体的发展趋势，某种意义上说，公共艺术也具有当代性特征，如果我们从艺术的发展趋势来看，艺术正在从高高在上的殿堂式艺术，降低飞行高度逐渐走向大众，贴近生活。

公共艺术之所以是“公共”的，绝不仅仅因为它的设置地点在公共场所，而是因为它把“公共”的概念作为一种对象，针对“公共”提出或回答问题，因此，公共艺术就不仅是城市雕塑、壁画和城市空间中物化的构筑体，它还是事件、展演、计划、节日、偶发或派生城市故事的城市文化精神的催生剂。公共艺术除了具有公共性的艺术价值外，还包含以艺术的介入改变公众价值或以艺术为媒介建构或反省人与环境、人与社会的新关系。艺术回归社会，回归人们的日常生活，并影响人们的价值取向。公共艺术是植入公共生活土壤中的“种子”，大众是公共艺术“发生”过程的一部分，它是一种新的文化取向，这才是公共艺术的实质意义。

城市公共艺术的建设，是一种精神投射下的社会行为，最终的目的也并不是那些物质形态，而是强调艺术的孵化和生长性，并对城市文化风格，城市活力以及城市人文精神带来富有创新价值的推动。

而中国地铁的公共艺术发展至今行之有年，它处在人潮往来最为频繁的公共场域，成为了受关注度最高的公共艺术。地铁公共艺术的创作能否有效表达并与公众形成互动关系？是否能够有效地改善乘客在地铁空间的乘坐体验？是否能够将城市的文化基因潜移默化地注入到创作之中，让艺术的功能与价值在地铁空间得以有效地发挥与运用？这都是我们需要思考的问题。中央美院轨道交通公共艺术创作团队在中国新一轮的地铁公共艺术创作中担当了重要角色，起初我带着武定宇完成了一些地铁站的公共艺术创作，逐渐的他开始独立地创作并组织完成了一系列地铁的公共艺术作品。在实践过程中，他的创作脉络也逐步清晰，紧紧抓住了“记忆”这个概念，并且强调作品的延展性和创新性。令人欣慰的是，如今这些成果经过梳理将要结集出版。定宇将这部成果集命名为“从观看到实践”，无疑是他对自己这些年来与地铁公共艺术结缘历程的一个很好的记录，亦是他在公共艺术之路上的成长见证！

希望定宇在艺术之路上不断为我们呈现惊喜！

于中央美术学院

2015 / 11 / 30

王中 （教授、博士生导师，现为中央美术学院城市设计学院院长、中国公共艺术研究中心主任）

写在前面 FOREWORD

写在前面
FOREWORD

——记结缘公共艺术十五年

我出生在一个教育世家，祖父和父母皆从事教育工作，自幼便与粉笔、黑板、讲台结下了不解之缘。2010 年我从中央美术学院硕士毕业后，于同年实现了多年的梦想——走上讲台成为一名大学教师。回顾我的成长历程，对我影响最大的莫过于我的祖父。祖父是一位老学者，一辈子踏踏实实做学问，是当地教育行业的权威专家，虽然现在他已经离我远去，但他在我上大学前说的一番话至今还深深地影响着我："孩子，做人做事要脚踏实地，先学做人，后学做事。"

离开家乡求学，这一点我要感谢我的父母。当初填报志愿时，母亲问我想去离他们远一点还是近一点的地方读书，我毫不犹豫地选择了远方。大学之后我基本上处于散养状态，他们给了我充分的支持和信任，让我自己"独立行走"，让我在成长的过程中逐步建立自信。父母对我很包容，更多的时候他们扮演的是聆听的角色。这对我来说太重要了，我是一个报喜不报忧的孩子，我喜欢和他们分享我的快乐，同时我也学会了坚持和承担。

学习雕塑，虽有一些波折，也应该算是科班出身。我本科最初被分配到了装饰专业，但在学习的过程中我发现自己喜欢雕塑，对于雕塑专业的向往与执着，使我每天穿梭在两个专业教室之间，课下和雕塑系的学生一起雇模特做人体。就这样在两个专业间游离了两年，大三那年，经过与院系的多次沟通，我终于如愿地转了专业，来到了雕塑系。虽然经历了一些曲折，但至今我还很庆幸有这样一段经历，在装饰专业的学习过程中让我认识到了很多新材料、新工艺，像漆画、扎染、纤维艺术等，这对我以后的雕塑创作起到了很大的帮助。坚持了一段时间之后，我发觉自己并没有选错，于是决定把雕塑作为终身追求的事业，并通过考研、考博在专业领域内继续深造。从本科到硕士，之后成为一名高校的专业教师，2014 年又有幸考取了中国艺术研究院博士生，求学道路整体是比较顺利的。

在我的学习生涯中，最幸运的事莫过于我遇到了两位重要的人生导师，一位是硕士生导师王中先生，另一位是博士生导师吴为山先生。我仍然清晰地记得，2005 年我只身一人来到北京，当时我并不认识中央美术学院的任何老师，只是在雕塑系打听到了王中老师的联系方式，于是我和王老师取得了联系。那天王老师亲自开车到 623 路公交车站接我，我们一起到了雕塑系的六工作室。那个下午我们聊了很久，临走的时候王老师问我："定宇，你是哪位老师推荐来考我的研究生的？是长春的殷小烽老师吗？"我当时的回答是："我没有推荐老师，我是自己找到您的电话慕名而来的。"王中老师听后很激动地说道："好，我就喜欢这样的学生！"那次谈话后，我暗下决心一定要成为王中老师的学生。然而考研并没有想象中的顺利，一考就是两年。在完成了 4 年的硕士学习后（延期一年），我到北京联合大学成为了一名教师。虽然联大的艺术专业在北京算不上很好，但有这样一个平台我已经很知足了，因为是联大让我能留在北京。按照学校规定，工作 3 年后我可以考博了，这一次我遇到了人生中的第二位重要导师——中国艺术研究院的吴为山先生。考博前，我和吴老师的直接沟通仅有两次。吴老师对我的了解大多是在他举办的各种大赛和活动之中，而我对吴老师的了解则是通过拜读老师的雕塑和著作。初遇吴为山先生是在中国公共艺术大展第一次筹备会中，在筹备会结束后，我负责导引老师们去三楼用餐，路上我问吴老师可否报考他的博士生，当时吴老师笑了笑说："好啊。"当时我心里还拿不定主意，不知道这是一句敷衍的话还是真的同意了。可是后来的晚宴中，吴老师寒暄中对我说道："定宇，欢迎你考我的博士，你要好好准备。"简短的几句话，成了我人生的重要转折点。吴老师是一位很爱才、惜才的老师。这是我第一年考博，时间非常紧张，只有一个寒假的准备时间，所以我的文化课考得并不理想，复试名单出来后并没有我。当时我给正在法国工作的吴老师打电话说了我的情况，没想到吴老师第二天就回到了北京，告诉我他要为我争取破格机会。后来在吴老师的努力争取之下，我很幸运地被破格录取。如果说硕士阶段让我学会了如何去做一件事，如何去统筹一个项目，那么博士阶段则让我学会了如何把一件事做得厚重，做得深刻。回想走过的每一步路，我不断地提醒自己：要有一颗感恩之心。

对于公共艺术，我是一个从实践走向理论又把理论运用于实践中的青年人，我更希望自己做一个“立体的”公共艺术探索者，一位带有学者气质的艺术家。在我的心目中，我更看重的是倡导者，而不是创作者。我注重搭建一个具有公共艺术理念的平台，关注每一次对创作对象深处记忆的挖掘。从创作之初我就十分注重作品的时间性和计划性，这也是我更愿意用“计划”去定义我最近的公共艺术作品的原因。如果说我现在的创作还很难走出雕塑的印象，但我相信在以后的时间我会用更多的方式来实现自己的“计划”，用最“合适”的方式去讲述那些特有的“记忆”。在创作过程中，我历来是逐渐地走入创作对象内心的，由内而外地与观者进行一次交流和触碰。我始终认为，我们这一代人应当学会把艺术家的姿态放低，设身处地地与创作的空间场所沟通，与生活在这里的人沟通。如今的我并不会过多地在意作品的尺度与体裁，我更关注的是作品背后的故事，关注记忆所承载的公共性。我希望每一次创作我都能真实地融入到作品之中，为公众种下一颗“种子”。之所以以“种子”来比喻，是希望自己的创作能具有一定的生长性和延展性，它是有生命的，有不断生长的可能性。

了解我的人都知道我是一个追求完美的人，做事情不喜欢含糊应付，这一点或许是我的一个毛病，但也让我受益良多。对于公共艺术理论的建构，让我和公共艺术有了一次亲密接触的机会，而且和我现在做的事情都很有联系，我试图用一段较长的时间去弄清楚。2014 年文化部计划筹办中国公共艺术大展，中央美术学院承担了筹办工作，具体的召集人就是我的硕士生导师王中先生，我在其中负责组织统筹和研究执行工作。众所周知，做一个专业文献的全面梳理工作是很辛苦的，换做是以前的我可能不会定下心去做这件苦差事，但现在正好处在我的博士读书阶段，这对于我而言确实是一件两全其美的事。说到读书，我们这些做实践出身的往往对读书不屑一顾。但就在读博的一年时间里，我改变了很多观念，认识到了以前知识储备的不足，钻研了一些以前模糊的理论，这也是我愿意脚踏实地去做研究的原因。到了我们这个年龄段，读书的机会来之不易，我更加珍惜每一次学习的机会。平日繁杂的工作和社会事务压着我，我全力地和它们角力，理清头绪繁多的事务，努力寻找一个最佳的平衡点。幸运的是，这次研究得到了博士生导师吴为山先生的大力支持，他同意并鼓励我把中国公共艺术发展历程研究作为我的博士论文研究方向，并希望我把它作为一个人生中重要的研究课题坚持下去，这也让一切都变得顺利起来。

文献研究是一项繁杂的工作，特别是研究的对象是公共艺术，以前还没有人这么认真地做过。公共艺术本身就是一个多元跨界的学科专业，学术界对公共艺术的概念与边界至今众说纷纭。公共艺术涉及维度很多，前期相关的研究也是相当庞杂的，如何对之进行有效地整合并形成一套全面客观的学术脉络，这是最近我脑子里一直在思考的问题。幸运的是，越来越多的人开始加入到了我们的队伍中，去做这件有意义的事。有这样一个大展，有这样一个难得的读书机会，有这样一支优秀的团队，我真的要感恩老天如此地眷顾我！

记得考博前，王中老师曾对我说："你在这几年选择几件事情并行，你一定要做好比别人辛苦几倍的打算才行。"是的，过程虽辛苦，但内心是快乐的。在公共艺术研究与实践的同时，我一直没有放弃关于雕塑本体的探索，这也是吴为山老师对我的要求——不能停止对雕塑本体的创作与尝试。雕塑本体语言的探索与公共艺术的实践有着很多异曲同工之处，相互影响，彼此转换，甚至合并重组。这也许恰恰是我的优势所在。

与公共艺术结缘的十五年让我收获很多，认真地品味一下，收获最大的莫过于思想的蜕变。这本书的撰写是在课题研究的催促下完成的，其实更多的是对自己上一阶段参与地铁公共艺术创作的总结，我把它视为一个新的起点。

最后，我要感谢所有与我并肩作战的兄弟们！

武定宇

于望京大厦

2015 / 07 / 13

地铁公共艺术概述 SUBWAY PUBLIC ART OVERVIEW

地铁公共艺术概述
SUBWAY PUBLIC ART OVERVIEW

（一）地铁公共艺术的概念

地铁是指以在地下运行为主的城市轨道交通系统，而公共艺术是指以与公众发生关系为条件的艺术行为。简单地从字面意义理解，地铁公共艺术就是以地铁为平台而与公众发生关系的公共艺术。其概念也可拆解为修饰限定的“地铁”和表明性质属性的“公共艺术”。值得注意的是，在这一概念当中，地铁并非完全意义上的功能空间概念，同时也作为与其相关的虚拟空间、传播媒介、行为活动来理解。

地铁公共艺术作为公共艺术概念的一个子集，与之呈现出一定的同一性，“公共性”“社会性”“审美性”“教育性”成为地铁公共艺术创作的主要方向。有记载的最早的地铁是 1863 年在英国由查尔斯 · 皮尔森 (Charles Pearson) 鼓吹并投资建造的从派丁顿（Paddington）到费尔顿 (Farrington) 的地下化“都市铁路”(Metropolitan Railway)，而地铁公共艺术可以追溯到 1977 年，巴黎地铁公司与巴黎市政府共同推出的“文化活力计划”(Politique Animation Culturelle) 则可以被认为是地铁公共艺术的发端。在早期的公共艺术实践中，公共艺术被理解为面向公众的或者说设置在公共空间中的艺术品。地铁作为城市中重要的交通与人群集散节点，在地铁公共空间中设置的艺术品也就被称作地铁公共艺术。

但是随着公共艺术理论与实践的发展，公共艺术的概念本身发生了延展，从单纯装点公共空间的艺术品转而变为面向公共领域、传承城市记忆、增强社区认同、讨论公共话题的综合性艺术载体。地铁公共艺术的创作理念和研究范畴也随之发生延展，转变为以地铁为发生、发展的空间或媒介的公共艺术。地铁公共艺术的实现形式也从地铁空间中孤立艺术作品的陈列演化成与地铁公共空间装饰装修相结合，以座椅、灯具、楼梯等公共设施的艺术化、空间一体化艺术营造或数字媒体与虚拟网络交互等方式呈现出来。

（二）地铁公共艺术对城市发展的作用与价值

地铁的发展反映了经济、科技与社会的发展水平。它不仅是城市、地区基础建设进步的标志，同时能映射出城市的精神文化状态。如今，地铁这个特殊的公共空间所承载的社会功能逐渐彰显，成为连接城市与公众的一条纽带。

1. 塑造城市形象，提升城市品质

城市形象是连接着一座城市的精神所在，它折射出一座城市的品质。城市的理念、行为、视觉等方面都影响着一个城市的整体面貌，而这种面貌所呈现的特殊性往往决定了一座城市的气质。地铁系统因其巨大的人流量成为城市中公众接触最多的公共空间，犹如连接城市的纽带，是展现城市形象的客厅。地铁空间所承载的文化、视觉、行为都是一座城市品质的直接体现。

2. 传承城市文化，讲述城市故事

每座城市都有自己特有的城市文化和城市故事。中国高速的城市化进程在一定程度上破坏了城市文脉在地上空间的衔接，地铁公共艺术的一个重要任务就是用艺术的方式连接地上与地下，延续城市文化，展现城市历史，讲述城市故事，起到增强文化向心力、展现城市精神的目的。

3. 连结城市生活，促进城市经济

地铁空间决定了地铁公共艺术受众的广泛性，它是连结城市生活的一种方式，可以起到增强社会认同、提升公众审美的功能。同时地铁公共艺术是城市特质和城市魅力的集中表现，它将增强城市的“品牌”效应，从而带动城市旅游经济的发展。

4. 展现城市魅力，改善城市体验

城市经济与文化的发展对地铁建设提出了更高的要求，地铁逐渐由满足基本功能需求的设施转变为展现城市精神的公共名片。地铁空间的艺术呈现不仅是展现城市魅力、讲述城市故事的窗口，同时它也是加强民众沟通、改善城市体验的一种方式。公共艺术在地铁中的出现有效地改善了搭乘的感受，也留下了美好的城市文化印象。

（三）地铁公共艺术的特性

地铁空间由于其特殊的功能属性，在公共艺术的设置上有着诸多独特的要求。地铁空间最根本的属性当为其空间的封闭性。地铁空间多为室内空间和地下空间，照明方式以灯光为主，温度、湿度等条件相对稳定，但这种空间容易产生压抑感。另外地铁内部空间对通过性要求较高，人员停留时间短。空间中通行的人流无法较大范围地自由移动，人员流线目的性、秩序性突出。为确保地铁系统的正常运行，地铁公共艺术维护管理工作的时间、空间都受到较大限制，在设计时对空间、资金的利用也力求节约和高度合理化。一方面，地铁公共艺术作为地铁空间规划、设计、施工、管理的一个环节，在设计和施工过程中要受到整体预算的严格控制，成本调整的弹性极小；另一方面由于空间有限，作品的形态结构要绝对合理，且要服从和执行地铁空间关于材料、照明、防火、供电等方面的强制性标准和规范。

可以说，地铁公共艺术是一个有着突出特殊性的公共艺术实践门类，综合来说地铁公共艺术的设置应当具有以下特性。

1. 开放性

地铁公共艺术应保证和保持对社会公众的开放性。简单地说，地铁公共艺术的设置并非艺术家的个人创作，也不同于为某一个人或某一个机构进行的委托创作，地铁公共艺术创作应是社会公众的文化艺术意愿在艺术家的加工创造基础上返回到社会公众的过程。地铁公共艺术应不局限于完成一部艺术作品，更重要的是对社会公众、艺术家、艺术品和文化传播之间的关系进行设计和建构。

2. 封闭性

地铁空间的特殊性给地铁公共艺术带来了极大的影响和限定。公共艺术往往存在于城市中的开放性空间节点，这样的空间节点中相当一部分是在公共的街道、广场、公园、风景区等户外开阔地区。而地铁公共艺术则往往置身于地下或高架起来的封闭性较强的空间。在这样的封闭空间中，由于与日光和周边地景的隔离，地铁中的公共空间处于一种孤立的时空状态，而地铁公共艺术在创作的过程中如何认识和处理与这样一种时空状态的关系，往往决定了一个地铁公共艺术作品的走向。

3. 在地性

在目前多数的地铁公共艺术实践中，在地性是作为一个重要的创作路径而存在的。地铁公共艺术的在地性能够在地铁这一独立的时空范围内建立与周边城市区域的联系，辐射地上地下，为公共艺术创作提供了重要的创作题材与参考。在往往均质化的地铁公共空间中，具有唯一性的公共艺术作品在呈现上形成某种导视功能。这种在地性能够更有效地连接固定在这一地区乘降的乘客，从而促进区域的文化交流和文化认同。

4. 公益性

地铁系统是城市中重要的公共交通系统，属于城市公共服务基础设施的组成部分，具有一定的公共服务的公益性质。地铁公共艺术作为依附在地铁系统中的文化服务项目，其本身也带有公益色彩。另一方面，由于地铁公共艺术一定程度上的强制性，也就要求地铁公共艺术要承担起公共文化艺术教育的一些责任。这就要求创作在文化艺术体裁的选取上应适当考虑公益性的文化内容的产出与推广，是具有一种公益价值的传播和体现。

5. 娱乐性

不同于城市一般公共空间中纪念碑性质或社区广场中的公共艺术作品，地铁公共艺术的娱乐性在公共艺术作品中尤为重要。地铁公共艺术是为了保障某种基本需要而存在的，那就是缓解在地铁空间中因封闭和压抑带来的不适感和在交通繁忙状态下拥挤的乘降人群带来的焦虑感。因此，在地铁这样特殊的公共空间中，艺术所承载的欣赏功能实际上对公众来说首先是一种娱乐行为，其次才是接受公益教育或其他。

6. 安全性

地铁公共艺术不能违背地铁系统作为一个整体本身的公共交通服务功能，地铁公共艺术的欣赏行为应以不干扰人流通过和正常的乘降行为为前提。除满足地铁空间的密闭和人员的高密度决定的对材料、照明、防火等安全性规范要求以外，还应注意因地铁空间本身的高度、宽度的限制，地铁公共艺术在一些情况下会处于乘客可以轻易接触到的空间范围内，应有效地保证作品不会给乘客带来安全风险和物理伤害。

（四）地铁公共艺术发展现状

自 1863 年伦敦都市间的地下铁路开通以来，以地铁为代表的城市轨道交通系统已经经历了 150 余年的发展。作为缓解城市地面传统交通需求和环境压力而出现的地铁系统，在城市公共交通体系中扮演着越来越重要的角色。地铁已不能被单纯地理解为一种交通工具，因其高昂的造价、复杂的体系以及庞大的人流量和广泛的服务范围，地铁也可以说是城市公共空间和公共领域的有机组成部分，被理解为一种特殊的城市家具或城市界面。

正因为将地铁的公共空间看作城市公共空间的一部分，将地铁搭乘体验作为城市体验的一种，很多发达国家和地区的地铁中都引入了地铁公共艺术。地铁为城市文化形象的塑造、文化发展脉络的传承和城市文化体验的提升提供了一个绝佳的空间和良好的传播效应。从 20 世纪 70 年代末 80 年代初，公共艺术作为一个正式的概念被提出并介入到地铁空间至今，地铁公共艺术已经走过了近半个世纪的发展路程，形成了在主题、艺术形式、材料语言、交互体验等方面的多元化局面。

在地铁百余年的发展历程中，每个国家、地区或城市的地铁与相应的地铁公共艺术都有着各自的实践特点和发展路径。由于地铁系统往往以城市为单位进行建设，地铁公共艺术介入地铁公共空间的方式、方法和艺术风格与内容往往也与这座城市的选择相关。同时，每个城市的地铁公共艺术建设经验又在邻近的国家和地区中被借鉴和发扬，形成了今天世界范围内地铁公共艺术多样性的发展局面。

中国的地铁系统是随着城市基础设施建设的加强快速发展起来的，地铁公共艺术也是在这一发展过程中逐渐被认知、完善和重视。特别是近 10 年来，中国地铁总里程数已居世界首位，地铁公共艺术的建设也越来越受到关注。我国大陆地区的地铁公共艺术虽起步较早，但是中间停滞时间太久。直到 2008 年以北京奥运会为契机的地铁空间文化艺术建设才真正意义上地激起了全国各地针对地铁空间除交通基础功能外的建设思考。北京、南京、杭州等地区相继在地铁空间开始了公共艺术创作尝试，这为当时唯一功能作用的地铁空间注入了新鲜力量，有效地改善了空间文化气质和乘客的乘坐体验；台湾地区的地铁公共艺术起步虽相对较晚，但是因其健全的公共艺术建设机制与对公共艺术的充分认识，地铁公共艺术在台湾地区发展迅速。整体上来说，中国地铁公共艺术的发展目前还处于初步阶段，它将随着各地建设过程中对城市文化建设的日趋关注、公众对公共艺术接受程度的逐渐提升越来越受到重视。中国的地铁公共艺术拥有着广阔的发展空间与可能，它将通过不同形态的艺术创作成为一条埋藏在地下，联通城市脉络、激活城市精神的“魅力名片”。

我国正处于地铁建设和发展的高峰时期，目前已有 22 座城市开通了地铁，同时有 18 座城市的地铁正在建设中。我国已经成为了城市数量和运营里程上当之无愧的地铁第一大国。与国际上一些发达国家和地区相比，我国几乎同时在地铁空间中引入艺术作品，但受制于对于地铁空间和公共艺术的理解，至今未能形成完善的地铁公共艺术实践和理论体系，从已有的公共艺术成果的质量和数量上看，都有着较大的提升空间。

截至 2014 年底北京地铁的总运营里程为 527.2 千米，根据《北京市城市轨道交通建设规划方案(2011 —2020 年)》规划要求，北京市到 2020 年地铁的总运营里程将达到 1050 千米，也就是说，未来 5 年左右的时间内，北京地铁的新增建设里程将达到过去 40 年的总和。可以预见的高速发展给地铁公共艺术也带来了机遇和挑战，如何有效地把握这样一个发展契机，怎样发展地铁公共艺术，发展什么样的地铁公共艺术，都是摆在北京地铁公共艺术创作者面前的一个必须回答的重要命题 。

（五）伦敦地铁公共艺术——多样空间的当代艺术

伦敦为地铁系统最早发展的地区，从 1863 年开始，至今已 150 余年。伦敦地铁的修建是一个缓慢的积累过程，在百余年的时间里，伦敦地铁的建设一直在不断地变化和完善。不同时期修建的车站带来了不同的建筑风格与空间结构，这都成为伦敦地铁公共艺术多样化的载体。

身为地铁的始祖，伦敦地铁也是最早开始推行地铁公共艺术的地方。无论是在爱德华七世（Edward VII）时期就委托艺术家替地铁系统设计海报，还是时至今日仍持续进行的“Art On The Underground”艺术计划，都可以看出伦敦地铁管理部门对于公共艺术的野心和努力。伦敦地铁管理局的艺术部门希望通过在地铁中艺术的引入以提升地铁的乘坐体验，营造一个良好的社会环境和氛围。让地铁系统与公共艺术互相搭配，成为与民众最亲近的艺术展场。

伦敦地铁长期以来的公共艺术创作都是由各领域优秀的艺术家、建筑师、策展人、技术工人合作完成的，在工艺、车站建筑、墙面处理以及海报、车厢等设计方面都突出了当代艺术与公共空间相结合的特色， 同时，也会针对城市中重大的事件或节庆进行一些临时性的艺术作品创作与展示。在艺术展现的多样化尝试中，甚至采用了在车站广播中播放与展示相结合的方式，实现了公共艺术在视觉与听觉上的结合。这些作品不仅反映了伦敦当代艺术的发展趋势，也提升了民众的乘车乐趣和对伦敦地铁的印象。（见图 1）

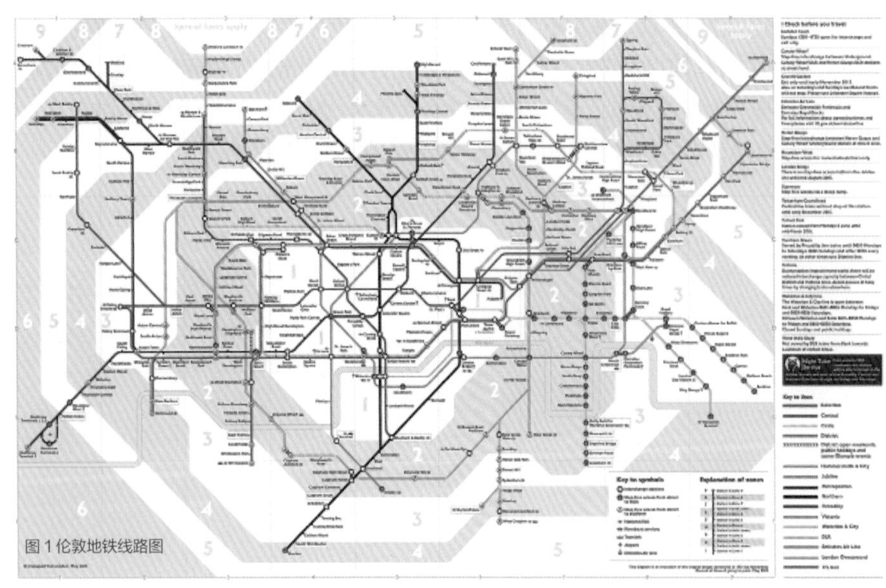

图 1 伦敦地铁线路图

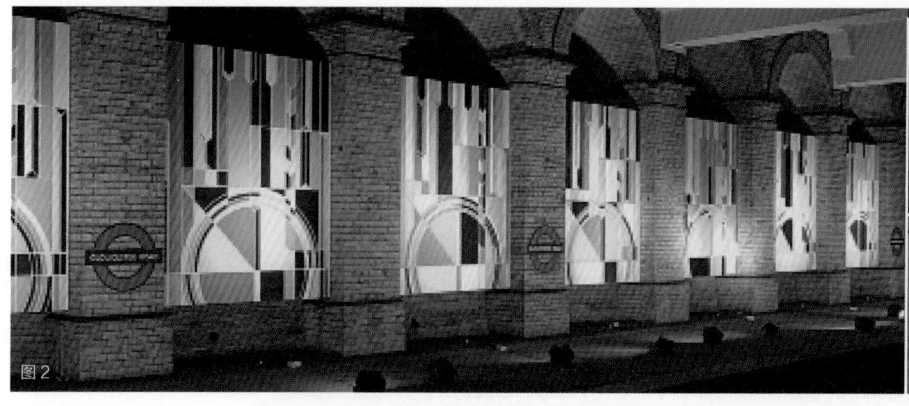

图 2

图 3

图 4

站名
Gloucester Road Tube Station

作者
Sarah Morris

简介：绚丽的色彩和建筑的朴实形成了巨大的反差，大面积、连续性的平面色彩语言成为了这座车站的特点，作者似乎特意在运用这种语言和反差强化历史的变迁和对当下的态度，就像从莫里斯维 2012 年伦敦奥运会和残奥会的 12 幅海报中提取的图像一样。艺术家曾经这样说"这是我第一次将伦敦作为创作对象的系列作品，算是一个开端。大本钟 2012，是流线型的时间形象，我想要创造一种时间的光谱，与这座车站的运动相平行，一种到达与驶出的图像，同时具有反独裁的讽刺意味——没有人能够掌控未来的政治。"（见图 2~ 图 4）

图 5

图 6

图 7

站名
Tottenham Court Road Underground station

设计
Eduardo Paolozzi

简介：该作品是创作于 1984 年的马赛克作品系列，位于车站的中央大厅自动扶梯。曾经因为站内修理大部分被移除，通往扶梯的拱门部分的作品需要被拆除，作品保留成为问题。当时"超过 8000 人签名请愿书，要求这些马赛克留在原地。"社会高级保护顾问亨利 · 埃塔比林斯说："为回应强调这种艺术类型的重要性，我们将从英国文化遗产保护的视角，审查并关注所有 20 世纪的地铁公共艺术。"

在未来数个月这些作品将被转移至爱丁堡大学艺术学院进行保存。几年后，这些作品将在被学生、研究人员和陶瓷保护专家实体拆除之前，对原作进行拍摄并数字化绘制，以便专家虚拟地重建该作品进行公共展示，大学艺术收藏馆馆长 Lebeter 说："作者本人会很高兴看到的，因为这是对艺术的一种尊重。"（见图 5~ 图 7）

（六）纽约地铁公共艺术——一站故事的文化展场

纽约的地铁系统在积极建设之际，并没忘记加入公共艺术创作以让民众享受文化的熏陶。纽约地铁筹建部门于 1900 年就曾以 50 万美金的预算，购置艺术品装饰地铁车站，一百多年来的发展，纽约地铁已是人们不可或缺的生活工具，而地铁公共艺术也更加深入市民的生活。（见图 8）

纽约大都会交通局 (Metropolitan Transportation Authority) 设立专属的地铁艺术专项 (Arts For Transit) 来主导纽约市地铁系统的整体公共艺术品规划。最初对公共艺术内容的定义是“艺术创作是指造型和绘画的艺术作品”，但是随着时代的发展，公共艺术的内涵和可呈现的方式愈加丰富，这种定义也因之修改；“它可以是使用新科技或是运用其他的艺术形式，特别是用于空间设计、艺术家具、视觉指标系统等。”

纽约各个地铁车站都具有独特的风貌，无论是玻璃马赛克的拼贴、陶瓷浅浮雕或者是铸铜圆雕，其公共艺术所传达的内容都与该地区的文化和历史特色息息相关。每一站都会依据其位置、地域、文化与特性选取适合的公共艺术作品。经过一百多年的发展，如今纽约地铁中的公共艺术已经是纽约来访旅客在博物馆行程之外的另一场不容错过的文化飨宴。

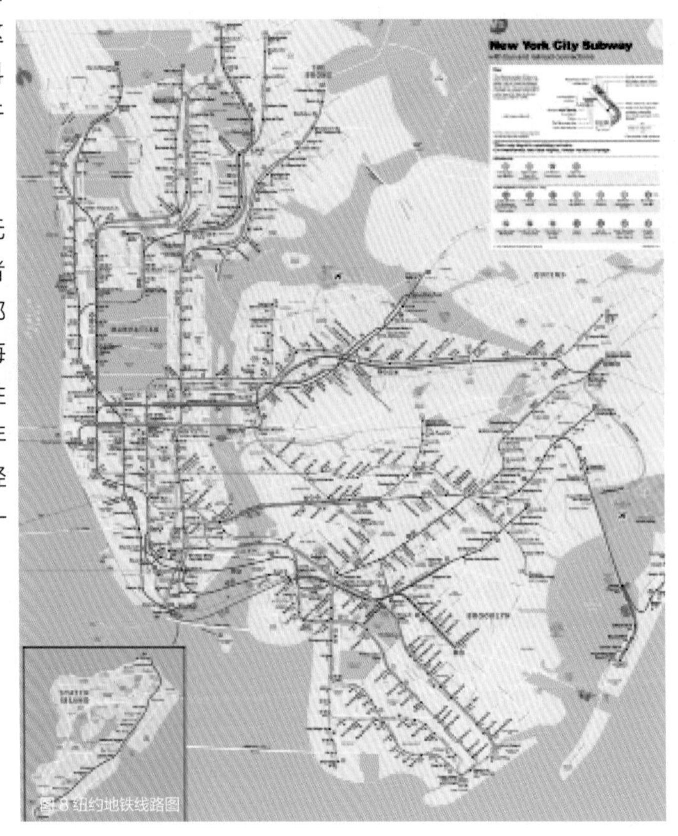

图 8 纽约地铁线路图

图 9

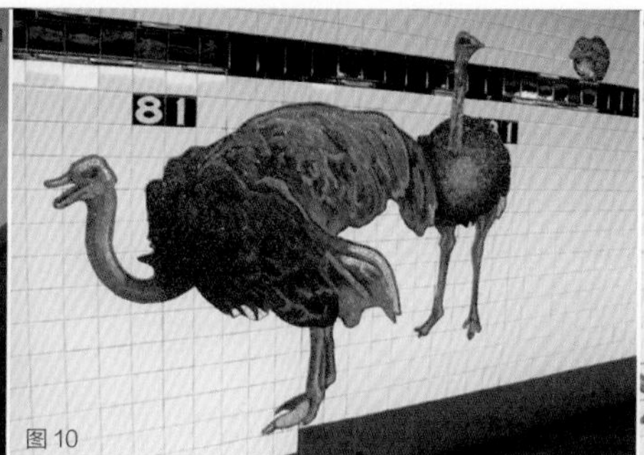

图 10

图 11

站名
81st Street – Museum of Natural History (IND Eighth Avenue Line)

作者
Metropolitan Transportation Authority's (MTA) Arts and Design program

简介：自然历史博物馆的地铁公共艺术主题是“只因为少了一颗钉（For Want of a Nail，意指小的行为可能导致大后果）”，以古老的谚语命名，它强调的是巨大星系和小单细胞实体的关系。设计团队使用瓷砖、玻璃砖、玻璃马赛克、青铜浮雕和花岗岩作为主要材料，从单细胞生物到高耸的恐龙，描绘出出现的演变、濒临灭绝和灭绝的生命形式 。它所呈现的图像从地球的核心到大海、天空，并超越了宇宙。（见图 9~图 11）

图 12

图 13

图 14

图 15

位置
14th Street and Eighth Avenue

作者
Tom Otterness

简介：坐落在第 14 街和第八大道站约 100 多个铸铜的小雕塑描绘着纽约的快乐生活。走入地铁车站的 5 个作品是充满了生活情趣不同的类型，像戴建筑帽子的蓝领工人、戴商业帽子的白领、对话的富人和警察，甚至连大鳄鱼也爬出了车站等。这些小雕塑乍一眼看上去像滑稽的童话故事，但仔细地品味却看到不少深层次的社会问题，社会的阶层、金钱、权势都在其中。艺术家是在用一种怪诞、轻松的方式讲述一种熟悉又陌生的纽约生活。（见图 12~ 图 15）

（七）莫斯科地铁公共艺术——红色艺术殿堂

莫斯科地铁最早开通于 1935 年，被公认为世界上最漂亮的地铁系统，享有“地下艺术殿堂”的美誉。莫斯科地铁全长近 300 千米，每天运送乘客 900 多万人次。

莫斯科地铁的公共空间整体上的设计华丽典雅，以欧洲古典艺术语言进行装饰和营造，运用了数十种大理石和不同艺术风格的浮雕、壁画和灯具共同营造而成。地铁公共艺术与空间营造浑然一体，风格统一，其艺术形式、艺术题材的选择都与建设所处的时期——苏联的政治氛围息息相关。题材大多来源于建设时期苏联的红色主旋律，有着浓厚的斯大林时期的政治色彩。各车站中的雕塑、浮雕与壁画多为表现和纪念历史名人、政治事件的题材。其中象征着工农联盟的镰刀、斧头，与革命战斗相关联的旗帜、刀枪等被大量运用。“1917”“1945”这些政治鲜明的数字成为了地铁中最为常见的数字形象。值得称赞的是在莫斯科地铁中，几乎看不到商业的广告，一体化的空间设计使得其艺术氛围得以完整地呈现，给乘客递上了一张华丽却不失历史风韵的城市名片。（见图 16）

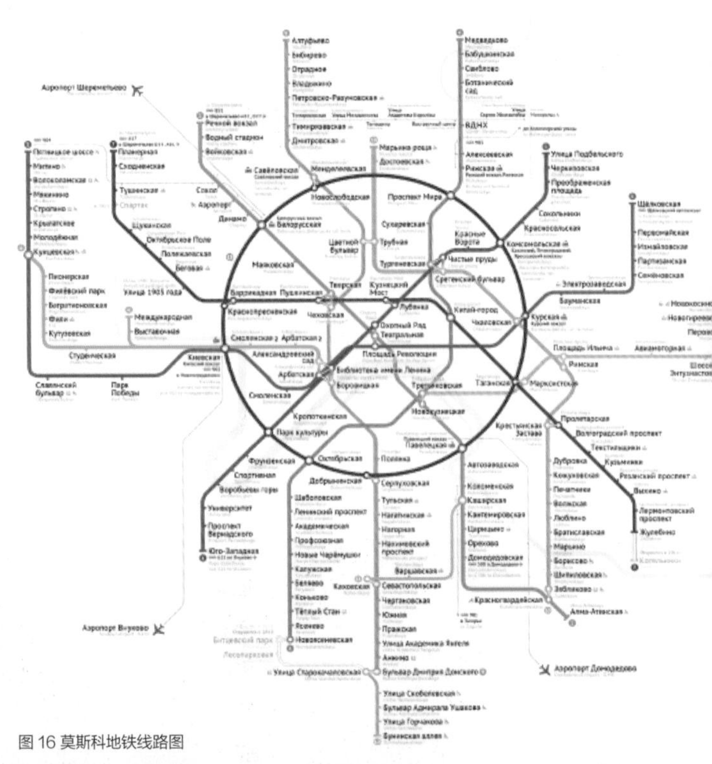

图 16 莫斯科地铁线路图

图 17

图 18

图 19

站名
Mayakovskaya Station

作者
Alexander Deyneka

简介：马雅可夫斯基站（Mayakovskaya Station）是莫斯科地铁 2 号莫斯科河畔线的一个车站。它被认为是莫斯科地铁中最美丽的车站之一，也是第二次世界大战前斯大林式建筑最出色的典范之一，曾获得 Grand-prize 世界美丽地铁奖。马雅可夫斯基站在空间上强调一种仪式感，它以白色和粉色大理石为基调，利用钢材和石材的材质反差，加之序列的空间排列，使整个空间极具象征意义。它的内容是为了纪念苏联革命诗人——马雅可夫斯基，其代表作有长诗《列宁》，在地铁大厅的尽头设有他的纪念雕像。同时圆顶内部空间还镶嵌了以苏联著名画家杰伊涅卡（Aleksandr Deyneka）的 34 幅“24 小时苏维埃天空”为主题的天花板镶嵌壁画，这种气势辉煌的空间营造让马雅可夫斯基站成为了世界公认的经典车站。（见图 17~ 图 19）

图 20

图 21

站名
Elektrozavodskaya Station

作者
Vladimir Shchuko，Vladimir Gelfreich，Igor Rozhin

简介：艾勒克特洛扎沃德斯卡亚站（Elektrozavodskaya）在建设中曾经因为第二次世界大战爆发而中断，其天花板上装饰有 6 排 318 个的内置白炽灯，原本是为了强化附近灯泡工厂与车站的关系。在 1943 年的恢复建设过程中，在墙壁上添加了 12 个表现第二次世界大战记忆的大理石浅浮雕，这些作品与阵列的灯光遥相呼应，仿佛在光明的社会主义道路下讲述世界大战中的挣扎过程和民族解放的艰辛。（见图 20、图 21）

图 22

图 23

站名
Komsomolskaya Station

作者
Alexey Shchusev，Viktor Kokorin，A. Zabolotnaya，V. Varvarin，O. Velikoretsky，Pavel Korin

简介：共青团站（Komsomolskaya）在莫斯科地铁站的中心环线，建于 1952 年，被誉为人民的宫殿。该站天花板的主题是俄国为自由与独立奋战的历史。采用的是马赛克镶嵌画和锻铜浮雕，整体空间由大面积的黄色和白色衬托，颇有一种宫廷的仪式感，步入空间就仿佛回到了苏维埃时代。其中，共青团站具有一个明显的诉求：即让设计师 Alexey Shchusev 设计一个描绘斯大林在 1941 年 11 月 7 日这个历史性演讲的画面。在演讲当中，斯大林回忆起亚历山大·涅夫斯基、德米特里·顿斯科伊以及其他军事领袖的过去，和其他历史人物形象都最终呈现于共青团站的马赛克镶嵌画中。（见图 22、图 23）

（八）斯德哥尔摩地铁公共艺术——地下的艺术长廊

瑞典首都斯德哥尔摩地铁可谓是世界上最富于个性的地铁，它在地铁空间的营造上并没有选择方方正正的标准化空间设计，而是大量采用了自然岩洞风格，走入地铁就好像走入了一个巨大的天然洞窟。不同的车站又有不同的色彩和纹饰，做到了既有强烈的共性带来的视觉冲击和意象，又进行了个性的区分和变化。

斯德哥尔摩的地铁系统全长 110 千米，是世界上公认最长的艺术走廊，从 1950 年起开始启动地铁艺术创作，至今为止约有 150 多位艺术家参与这项地铁艺术创作计划。（见图 24）根据斯德哥尔摩公共运输公司公布的数据统计，现已有数万件艺术作品设立于地铁空间，约有 90% 的地铁站建设引入了公共艺术作品，而从 1997 年开始的每周提供的免费艺术导览活动成功地将斯德哥尔摩地铁塑造成了名副其实的“艺术博物馆”。

在所有线路中，以蓝线的公共艺术形式最为声名远播，因为该路线的车站墙壁和天花板在土建过程中特意保留了裸露的岩石。自然的岩石被艺术家们当作最佳的创作素材，他们利用这些凹凸不平的自然肌理结合强烈艺术色彩为民众带来了令人迄今惊叹的地铁艺术体验。

斯德哥尔摩地铁在艺术营造上可以说和莫斯科地铁有相同的特质，在公共艺术介入地铁空间的手段上都是采用公共艺术与地铁空间的一体化营造，塑造一种整体的艺术气质。总的来说，斯德哥尔摩地铁有着一种清新、简约、当代的艺术风格，它将自然肌理与工业造型、当代艺术进行了巧妙的碰撞和融合，造就了世界地铁公共艺术的一个奇观。

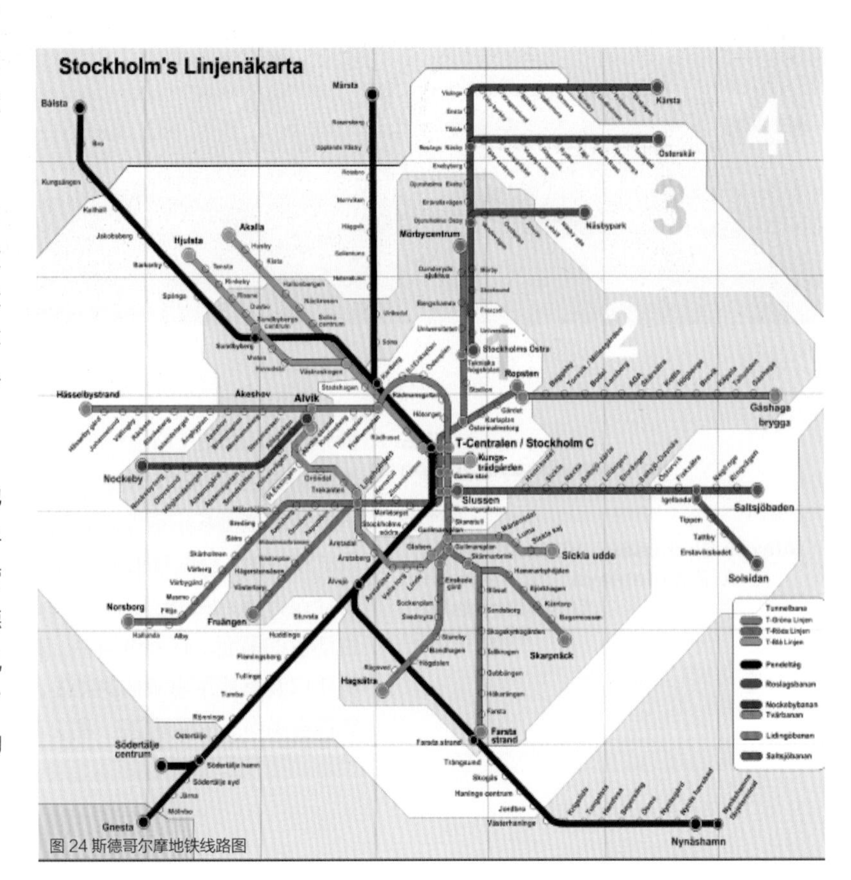

图 24 斯德哥尔摩地铁线路图

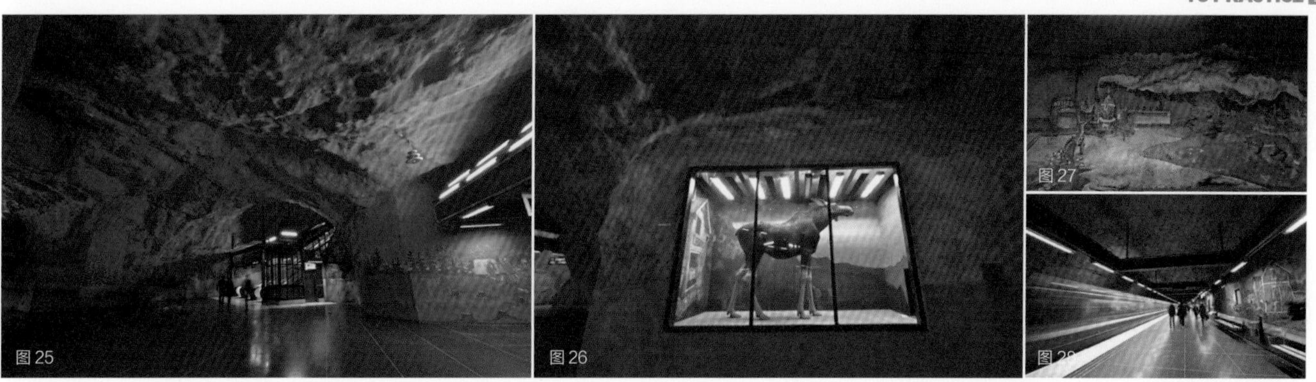
图 25 图 26 图 27 图 28

站名
Solna Centrum Metro Station

作者
Anders Åberg， Karl-Olov Björ

作品简介： 1975 年完成的蓝线 Solna centrum 站，整个车站表现的是乡间日落时分的情景，里面讲述了 20 世纪 70 年代最为关注的农村、生态、社会、环境等问题。整体空间视觉色彩强烈，顶面的红色与下侧连绵的绿色形成强烈对比，其中绿色部分还描绘了具体的故事，并在视觉焦点集中处安放了灯箱，将一些珍贵的生物标本和建筑模型进行展示，空间结合了岩石的自然肌理，整体感觉气势磅礴，同时不失细节与内涵，Solna Centrum 站显然已成为了这座城市特有的名片。（见图 25~ 图 28）

图 29 图 30 图 31 图 32

站名
T-Centralen Station

作者
Per Olof Ultvedt

作品简介: 1975 年建成的蓝线 T−Centralen 站可以算作斯德哥尔摩最繁忙的车站，它由三层车站组成，承载着蓝色换乘红、绿色线的功能。其中蓝线车站部分基本上都是由蓝白两色构成，其中站厅层墙面空间基本上都是通体的蓝色，作者只在交通重要节点区域进行了一些图像的绘制，这些图像由表现海洋的海草装饰图形与建设者的工作剪影组成。整体图像由白色打底，蓝色进行描绘，图像结合上岩石的自然形态，整体上给人一种梦幻的空间感受。车站空间中干净的蓝白两色，让原本繁忙的车站变得安静，人群走在其中井然有序。这种空间艺术一体化的营造方式极为有效地改善了乘客在地下空间的乘坐体验，让原本乏味的穿行多了一份趣味。（见图 29~ 图 32）

（九）巴黎地铁

法国首都巴黎是仅次于伦敦、纽约、布达佩斯、波士顿和维也纳的世界上第 6 个拥有地铁系统的城市，首条线路落成于 1900 年。（见图 33）刚开始，巴黎人其实并不太喜欢地铁，因为地铁在地底下，不见阳光。但今天的巴黎人已经习惯了这种出行方式，甚至戏称法国有地上、地下两个巴黎。

巴黎的地铁最鲜明的符号就是在 1900 年到 1913 年间，法国建筑师赫克托 · 吉玛德 (Hector Guimard) 所设计的 141 个新艺术运动 (Art Nouveau) 风格的地铁车站入口，灵活地运用了铸铁与毛玻璃这两种材质，以植物状的曲线、不完全对称的架构和有机变化的文字来构成，形成了当时的“地铁风格”(Style Metro)。可惜的是，在 20 世纪 30-60 年代，绝大多数已经被拆除，少数被保留的车站被视为纪念那个时代的特殊代表。至今，这些出入口依然是巴黎地铁公共艺术的主要象征。

巴黎地铁其他的公共艺术多数安放于墙面上，当初的设置主要是为了避免影响乘客的通行。虽是壁面作品，但形式却极其多样化，其文化内涵更是塑造出每个车站特有的场所精神。特别是从 1977 年开始，巴黎地铁管理局与市政府共同发起了一项长达 15 年的“文化活力计划”(Politique Animation Culturelle)，该计划邀请法国本土的艺术家与建筑师相互协作，逐步对 300 多座地铁车站进行了室内空间设计，过程中强调车站的室内设计与车站位置和周边环境相呼应，这也就是我们所说的“地上地下互动映射”的含意。此时的巴黎地铁在用这种方式强化自己特有的都市意象，也激活了地铁公共艺术的活力。1992 年开始了第二次为期 15 年的“文化活力计划”，该计划又一次加速了巴黎地铁公共艺术的发展。这一期艺术计划与上一期最大的差别是，新的计划采用了更开放的国际竞（邀）标方式，全世界的艺术家都有可能加入到巴黎地铁艺术创作之中。这种方式使得巴黎的地铁公共艺术整体上有了很大的转变，多样的运作机制与不同艺术形式的碰撞，产生了一批优秀的公共艺术作品。这一过程也见证了巴黎政府与公众对交通建设、公共艺术、公共空间看法上的转变。

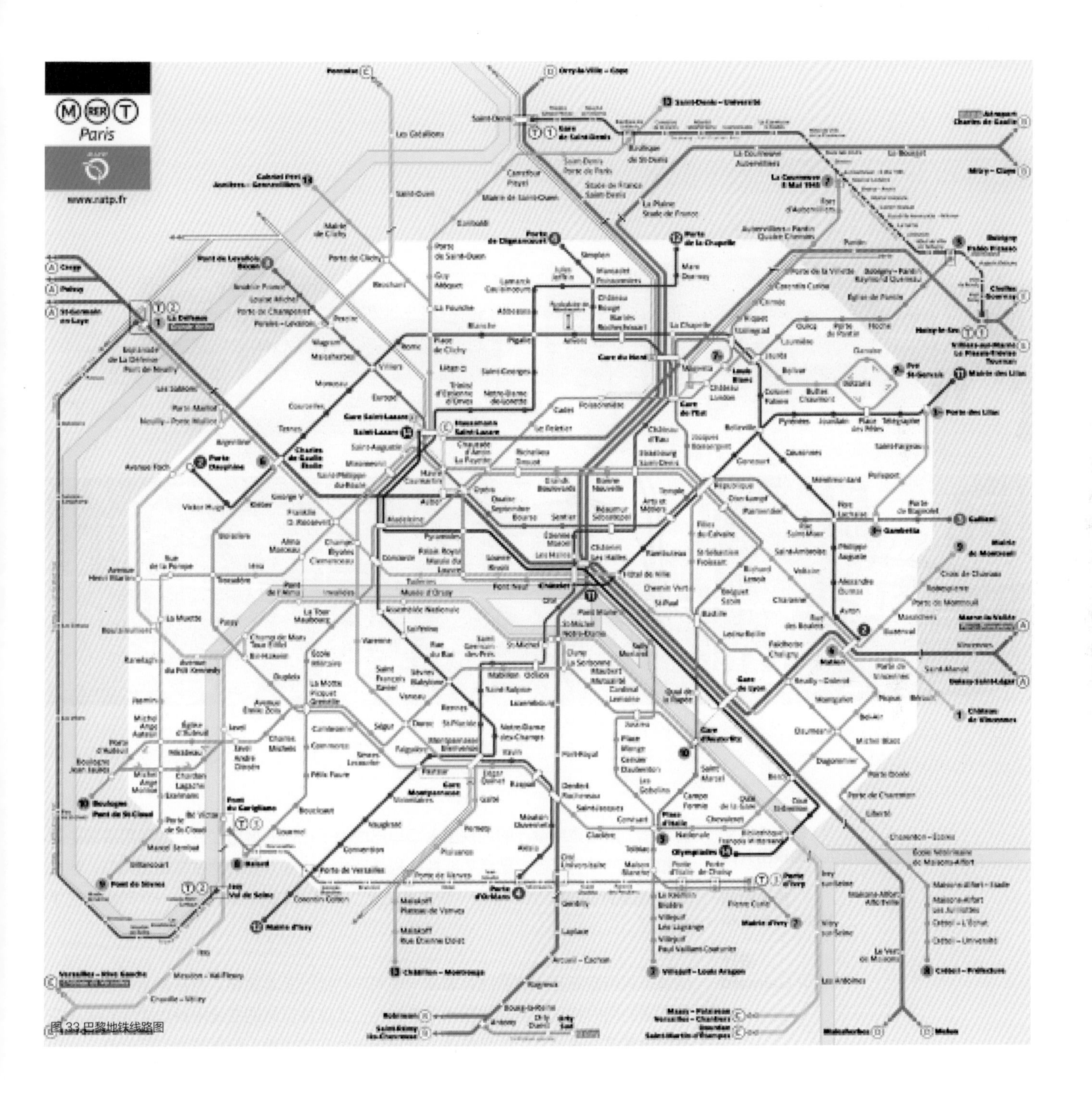

图 33 巴黎地铁线路图

图 34 图 35 图 36 图 37 图 38

新艺术主义
(Art Nouveau) 地铁出入口

建造时间
1900—1913 年

设计
Hector Guimard

赫克托 · 吉玛德所设计的地铁出入口早已成为了巴黎的城市名片，他利用青铜的材质和自然的结构形态，结合功能性的构造形成了千变万化的地铁车站出入口。他在 13 年间设计完成了 100 多座“新艺术主义”代表的车站，成为了这一个时代的艺术代表。

他善于利用蜿蜒起伏的曲线来表现一些海洋动物与草本植物。他在强调车站建设结构严谨的同时将这种自然的艺术形态融合，让这种自然的曲线附有功能性的同时变得既含蓄又充满生机，作品整体上极具装饰性和艺术性。但是较为可惜的是，一部分的作品在巴黎城市改造的建设过程中被拆除，至今保留的已经不多。但是这种特有的艺术符号已经和巴黎联系在了一起，并被深深地记在了每一个人的心中。（见图 34~ 图 38）

图 39 图 40 图 41 图 42

站名
Arts et Métiers Station

设计
Francois Schuiten

巴黎地铁十一号线在 1935 年就已开通运行， Arts et Métiers Station 后因纪念周边法国国立工艺学院（Conservatoire national des arts et métiers）成立 200 周年，于 1994 年又进行了新的空间改造，由比利时的艺术家 Francois Schuiten 设计。当初是为了纪念法国著名作家儒勒 · 凡尔纳，艺术家依照他的科幻小说《海底两万里》为蓝本进行设计。经过改造后的车站形成了极为整体的艺术气氛，车站内部空间犹如一个潜水艇的内舱，车站内壁空间完全是由古铜色的铜板铆合而成，天顶的中央悬挂着巨大的齿轮，车站内部甚至连垃圾桶和桌椅也都进行了整体上的设计。特别是每隔 20 米区域设计的圆形“玻璃舷窗”，每个“舷窗”的内部讲述了一个有关科技发展的小故事。这一切完美的设计让乘客进入车站就仿佛有一种进入海底世界的魔幻感受。（见图 39~ 图 42）

（十）台北捷运（地铁）公共艺术

台湾的捷运公共艺术的发展时间并不长，仅 25 年左右，它是从 1990 年台北市捷运公共艺术征集工作开始的。台湾捷运公共艺术起步虽晚，但是发展迅速。从 20 世纪 90 年代早期的“填充式”的艺术品到 2002 年后强调作品与空间“融合式”的公共艺术，再到现在更为强调“公共性”“参与性”“综合性”的公共艺术计划。台湾捷运公共艺术在随着政府、艺术家和民众对公共艺术的认知而发展，当然这也得益于台湾地区较为完善的公共艺术专项法案。通过十多年的努力，公共艺术在台湾捷运系统建设中的作用被逐步认可，艺术家在进行公共艺术创作中也拥有了更大的空间与主动权，能够更大程度地去完善自己的创作构想，出现了更多更为全面的、有趣的捷运公共艺术。

台北市是台湾地区最早设置公共艺术的城市，台北的捷运公共艺术见证了台湾公共艺术法案的确立与修订全过程。在台湾的公共艺术法案还在讨论之际，1990 年台北市政府捷运工程局就启动了捷运公共艺术设置的计划。在此过程中召开了多场关于捷运系统如何与艺术品相结合的讨论会，并于 1992 年率先成立了捷运公共艺术专家委员会，1993 年完成了第一件捷运公共艺术的设置。在设置计划的过程中捷运工程局尝试了公开征集、邀请比件、委托创作等方式来遴选艺术品，在公共艺术创作实施上获得了宝贵的经验。可以这样说，这些过程在一定程度上推动了 1992 年《文化艺术奖助条例》的颁布，也为后来的 1998 年颁布的“公共艺术设置办法”提供了执行参考。

1. 1993—2002 “填充式”的艺术品阶段

1992 年颁布的《文化艺术奖助条例》代表了台湾地区的公共艺术正式起步。起步阶段的公共艺术基本上是在一种“艺术品”的概念之中，艺术家大多还是沿用雕塑和壁画的观念在进行创作。这批“公共艺术品”在捷运的空间中大多扮演着文化的填充和空间的装点角色。像 1993 年台北市捷运第一件公共艺术作品淡水双连站的《双连·行远》（见图 43），是一件通过公开征选的方式实施完成的艺术作品，它是由艺术家杨弼方和井婉婷共同创作，采用墙体壁画的方式讲述地区文化的演进，在内容上采用了时间的脉络与历史的史料相结合的方式。两年后淡水线台大医院站李光裕的作品《手之组曲》（见图 46）实施完成，这也是一件通过公开征集的方式选定的作品，可以看得出这些作品基本上还是作者系列雕塑作品的一种延续。这个阶段台湾捷运公共艺术的设置，是一种将艺术品“填充”到公共空间中的做法。

图 43

图 44 《幸福知道－幸福的预言》

图 45 《幸福知道－甜蜜的模样》

图 46

2. 2002—2008 “融合式”的公共艺术营造阶段

台湾地区在这一阶段公共艺术发展中无论是政府机关、艺术家还是参加过公共艺术创作过程的民众，都慢慢地发现公共艺术不再只是一件艺术品的概念。它虽然是艺术家艺术经验的创造，但是在创造与呈现的过程中，艺术品所在的空间与参与创作过程的人都确实地影响了艺术作品的形成。公共艺术的类型已不再止于艺术品，它可与墙面、地面、天花、灯光、标志、街道、家具等结合，甚至整体的空间就是一件艺术品。如此一来， 公共艺术便可与建筑空间有进一步的融合，从而达到环境艺术化、艺术环境化的终极目标。也就是在 2002 年，《文化艺术奖助条例》的第九条款中，正式将“艺术品”修正为“公共艺术”。这种认知也就很快地反映在了捷运公共艺术创作的过程中，其中最具代表性的当属 2004 年江洋辉主持完成小碧潭站的《幸福知道》（见图 44、图 45）。《幸福知道》是一系列的艺术作品共同的主题，现在来看这更像一次公共艺术计划。在与江洋辉的对话中，可以清楚地感受到这件作品饱含了作者对突破当时公共艺术概念的一种尝试。他希望能够打破单体艺术品的创作方式，把整个车站空间都当作自己的创作素材。江洋辉说：“这座车站是母题与子题相互呼应、相互关联的复合型作品。”这里包含了景观设计、造型艺术、艺术设施设计、色彩规划和互动设施设计等内容与手段。创作者在车站装修未完成前就先期进入，有效的将空间、艺术、功能融为一体，成为了这一个时期捷运公共艺术的经典之作。（见图 47 ~图 50）

图 47 《甜蜜的模样》
图 48 《幸福二号》候车座椅
图 49 《幸福二号》候车座椅
图 50 《我们都是全家福》互动装置

3. 2008 年至今　走向“综合”与“策划”的创作阶段

2008 年 5 月条例修订正式将公共艺术的定义扩大为“计划”的形态，这是公共艺术观念、公民公共意识与生活美学素养改变后的具体显现。其实早在 2005 台北第二届公共艺术节和历时 10 年南科科学园区的创作中就开始了关于公共艺术“计划”的尝试，这次法案的修订其实应该算是一次发展的总结与概念的确立。2008 年的“公共艺术设置办法”在修订中简化了公共艺术的审定制度，并添加将 “建筑”本身也可作为公共艺术申报的条款，公共艺术的概念在此时得到了更大范围的延展。它开始从空间中的艺术走向“综合”与“策划”，多样的艺术手段和执行方式不断出现在了捷运公共艺术创作之中，公共艺术的价值和作用也得到了进一步的拓展与肯定。例如松山站的《河流弯曲之处，域见繁花光穹》是江洋辉和团队的又一力作，松山这个位置起源就是河流弯曲之处，作者希望透过数万根管状单元灯柱的垂直错落形成有机形传达河湾水波回流的意象。作者侧重于在挑高空间中流转、扩散出多重层次与角度的视觉体验，特别考虑到了灯光强度的把控和光源的弱化处理。作品恰到好处地将富丽壮观的有机形态与色彩斑斓的灯光变化进行结合，营造出如同繁花百景的“光穹”效果，整个作品充满生命力和科技感。（见图 51 ~ 图 54）同时，位于 101 地铁站的作品《相遇时刻》和《身体之书》也极具代表性。其中《相遇时刻》是运用翻页钟的机械装置，将事先采集来的公众面孔制成 10 × 10 矩阵式互动装置。作品通过时间上的设定使图像不停地发生变化，让乘客在不经意之间与这些图像“相遇”。而《身体之书》则是在通道空间的天顶和墙面上安放了 10 件机械装置，其中位于天顶的 6 个装置分别将采集自不同人群的身体“眼、鼻、耳、口、手、脚”部位的图像进行不定时的翻转，乘客在搭乘过程中与作品相遇，使“身体”与“身体”之间产生一次真正意义上的对话。作者介绍说，乘客与作品的一次沟通就犹如一次眼神的交会和一声口中的问候，同时放置在墙面的 4 个机械装置《给台湾人的书》是展现了作者邀请的 4 位文学家（廖辉英、陈义芝、阮庆岳、须文蔚）的诗词作品。文学家分别通过家庭、民族、历史、未来 4 个主题进行创作，艺术家将诗词的创作内容通过机械翻页的方式进行展示。每当有人走到装置面它就会回到首页，按照每页 15 秒的速度翻动。虽然这些只是一些身体的符号和几段文字，但这种特定的关注，代表了创作者对“当下”的一种思考与态度，其中字里行间的诗意和特定的图像选择在传达一种信息，为快速通行的车站带来了一丝温暖。（见图 55~ 图 58）

图 51 ~ 图 54　《河流弯曲之处，域见繁花光穹》
图 55　《相遇时刻》与《身体之书》
图 56　《身体之书》
图 57　《相遇时刻》
图 58　《给台湾人的书》

图 51 图 52 图 53 图 54 图 55 图 56 图 57 图 58

（十一）高雄的捷运（地铁）公共艺术

高雄作为台湾第二大城市，在捷运公共艺术建设上有一种后来者居上的势头。高雄的捷运是由高雄捷运股份有限公司独家建设运营，其中规定建造时间为6年，运营时间30年。2001年10月高雄捷运红、橘两线同时开始动工，在2008年3月、9月相继通车，构成了如今的“十”字形态的线路。高雄捷运在建设伊始就提出了“塑造城市新地标、打造世界一流捷运系统”的建设目标。

高雄捷运公共艺术起步的定位就是“国际化”，确立了红线为展现“历史主题”，橘线为展现“海洋主题”的设计原则，在8个重点地段车站设置公共艺术的规划。由于高雄捷运股份有限公司是作为统一的管理机构直接负责建设和运营，公司在满足台湾的公共艺术实施法案要求的前提下，在执行和资金的分配上有着较大的主动权，作品采用了“委托创作”与“公开征集”相结合的方式进行遴选。其中在作品的实施过程中就有意识地将资金较为集中地分配到一些重点车站，并且集中力量将车站空间设计建设与公共艺术的设计同步，让公共艺术与空间营造“合二为一”。高雄捷运在公共艺术家创作者的选择上亦采取了更为“国际化”的重点邀约，让艺术大师直接介入地铁公共艺术的创作之中。高雄捷运还设立了专门的公共艺术导览机构，负责整个地铁公共艺术的推广与讲解工作。高雄地铁将有效的资金、空间和人进行汇聚，成功地达成了建设初期所设定的“新地标”“国际化”的建设构想。

其中美丽岛车站就位于红、橘两站交会处，这是高雄捷运系统中运量和面积最大的一站。它也是世界最大的圆形车站，其公共艺术在建设之初就被定位为要打造高雄城市的新地标。2007年由Narcissus Quagliata设计的《光之穹顶》可谓全球最大的、一体成型玻璃公共艺术，也是高雄捷运公共艺术长廊中最光鲜夺目的作品。它是由Narcissus Quagliata联合德国DERIX工作坊、墨西哥PHUZE工作坊、意大利AMFORA等五国工作团队共同协作完成，历时4年半制作完成。它以玻璃为媒材，将4500片彩色玻璃拼接成“窗面”，在光的映射之下幻化出五彩斑斓的水、土、光、火四大主题画面，喻指宇宙与生命的诞生、成长、荣耀与毁灭。

超大的体量、独具匠心的设计、复杂精湛的工艺、美轮美奂的色彩效果、丰富多元的隐喻意涵和不定时组织的艺术活动，使美丽岛站超出了普通捷运站点的单一功能，被塑造成一个独特的公共文化空间，并传递出高雄作为海洋城市浓郁的人文气息与跃动的生命活力，进而跃升至高雄城市人文地标的新高度。（见图59～图62）

同一时期完成的中央公园车站紧临美丽岛站。它位于中山一路中央公园门前，起初定名为新堀江站，后更名为中央公园站。车站周边多为商业和休闲活动的公共空间，位于车站一号出口的公共艺术作品由著名的英国景观建筑师理查德·罗杰斯（Richard Rogers）设计完成，创作以“摩登高雄”为主题，在设计的过程中充分地结合了临近中央公园与商业区的场所特性。作品在出入口设置斜坡状绿植景观与阶梯水道，把代表阳光和宁静的公园引入地下车站。作者巧妙地将公共设施作为创作的载体，将一片飞舞的叶子植入创作之中。巨大铝合金屋檐的《飞扬》在出入口展现了结构力学和美学的融合，通过结合玻璃、水幕、植被、强烈的色彩和大气的尺度营造出一件极具科技感和时代气息的公共艺术作品。（见图63、图64）

在高雄还有位于草衙站的《凝聚的绿宝石》，它是由德裔加拿大籍艺术家Lutz Haufschild以海洋为题，用玉质的琉璃结合灯光的表现形式完成的两块纯美的公共艺术作品。（见图65、图66）

如是精品，在高雄捷运系统中比比皆是，总而言之，高雄捷运的公共艺术创作与车站建设的同步，从建设之初就向着国际化的新地标方向而努力，有效的执行机制和艺术大师的介入让这一愿景成为了现实。

图 59 ~ 图 60　《光之穹顶》
图 61 ~ 图 62　《光之穹顶》考察中
图 63~ 图 64　《飞扬》
图 65 ~ 图 66　《凝聚的绿宝石》

图 59 图 60 图 61 图 62 图 65 图 63 图 64 图 66

图 67 机场线东直门站 中央美术学院

（十二）北京地铁公共艺术

截至 2014 年底，北京地铁已有 12 条线路、114 个站点，共引入了 160 件（组）公共艺术作品。公共艺术的线路覆盖率达 66.6%，站点覆盖率接近 50%。2015 年年底完工的 14 号线北京工业大学站、安乐林站、右安门外站、朝阳公园站、大望路站、方庄站、蒲黄榆站；昌平线十三陵站、东关站、昌平站，两条线路 10 个站点设置艺术品。从绝对数量和百分比上看，当前的北京地铁不仅成为国际上运营里程最长、站点最多的地铁系统，同时，地铁公共艺术的覆盖率也跻身国际前列。

北京地铁公共艺术作品形式涵盖壁画、浮雕、圆雕、画面构成作品和空间一体化营造、艺术化设施等内容。从地铁公共艺术所表现的内容上看，由于北京作为历史文化名城和多个历史朝代的古都，有着丰富的历史文化遗存，在 160 件（组）的地铁公共艺术作品中，以北京的历史文化为题材的作品就达到了 90 件，占比超过 55%。同时，在作品与周边城市区域的相关性统计中，反映作品所在地铁站周边历史文化遗存的公共艺术作品比例接近 50%。因此，可以说，从目前的北京地铁公共艺术创作的情况来看，历史文化是北京地铁公共艺术在主题选择上的“主旋律”。

从公共艺术在地铁中的空间形态上来看，除公共艺术空间一体化设计的地铁站外，绝大多数的作品都以接近平面的状态依附在地铁公共空间中的某个界面上，根据统计，圆雕、空间装置和吊装作品共计 12 件，其余均为平面安装作品。在以地铁公共空间界面为依附的平面延展的作品中，除一件为地铺作品外，其余均安装在墙面上。

从现有的北京地铁公共艺术建设的机制上看，主要有三个层级：①地铁建设单位与北京城雕办组织专家团队，作为建设中决策和参考意见的重要来源；②艺术品建设组织单位（中标单位），负责组织和委托艺术家进行公共艺术创作，实现了人、财、物的集中和责任关系；③艺术家创作，艺术家在创作组织单位中获得有效的信息与意见参考，艺术家进行自己的艺术创作并在组织单位的协助下完成实施。从北京地铁公共艺术的创作设计上看，同样有三个层级：①北京轨道交通公共艺术全网规划，明确了文化资源的分配和公共艺术创作的原则；②线路的装修概念规划设计和公共艺术概念规划设计，进一步明晰站点所在线路的主题、风格和艺术趋向；③站点的公共艺术设计。目前已经形成了一套相对稳定的实施路径与运作机制。

图 68 机场线 T2 站　中央美术学院

北京地铁公共艺术起源于 1984 年，时任中央书记处书记的胡启立同志在视察北京地铁时指出："要在车站搞点壁画、雕塑，画家可以在自己的作品上署名，车站灯光色彩单调，今后要考虑灯光不要一个颜色。"这也成为了目前文献中可查的关于艺术进入北京地铁的最早也是最有力的表述。

随后的 1984 年、1985 两年间，先后有 6 幅名家的壁画作品现身北京地铁 2 号线，《燕山长城图》《大江东去图》《四大发明》《中国天文史》《华夏雄风》《走向世界》这 6 幅具有划时代意义的作品进入地铁空间，尽管由于经验不足留下了一些遗憾，但其本身的意义至关重要，它见证着北京地铁从军事战备工程向城市公共服务设施的重要性质转变，反映了改革开放初期人们对文化和艺术欣赏的迫切需求，也标志着在我国地铁建设中开始意识到文化艺术介入的重要性。1984 年由此成为中国地铁公共艺术的元年。

此后由于北京地铁建设的停滞，北京地铁公共艺术没有机会得以发展，最终以 2008 年奥运会为契机，让沉寂了 20 余年的地铁公共艺术又重新登上历史舞台。地铁公共艺术成为提升地铁文化体验和文化内涵的重要载体获得了空前的重视。随后建设的北京地铁 5 号线，10 号线一期都进行了公共艺术的相关尝试，特别值得注意的是北京地铁机场快轨和奥运支线（8 号线一期）的建设更多地考虑了文化与艺术形象的塑造，采用了空间一体化的艺术营造手段，投入力度可谓空前。

从 2012 年开始，北京地铁公共艺术建设伴随着地铁线网的发展逐渐成为一种常态。这得力于 2011 年中国壁画学会和中央美术学院在北京市规划委员会的领导下，先后完成了《北京地铁线网公共艺术品规划研究报告》和《北京市轨道交通站点公共艺术全网规划》，使北京地铁公共艺术的创作和设计自此有了系统化的指导和依据，同时也为公共艺术创作中的文化资源的合理分配以及公共艺术作品和站点的分级分布提供了标准和参考。地铁公共艺术开始正式被相关管理部门和社会重视，成为地铁建设必不可少的一项工作内容。2012 年至今北京地铁 6 号线、8 号线二期、9 号线、10 号线二期、15 号线二期、14 号线一期先后开通，出现了一批风格突出、形式特别、内容生动的艺术作品。（见图 67~ 图 78）

图 69　森林公园站站台　中央美术学院
图 70　北土城站出入口　中央美术学院
图 71　西局站《甜蜜生活》　作者：张兆宏、李鹏
图 72　西钓鱼台站《燕京之春》　作者：张兆宏、梁硕、果跃
图 73　南锣鼓巷站《时光绘印》　作者：李震、何崴
图 74　鼓楼大街站《晨钟暮鼓》　作者：仪祥策、吕品晶
图 75　潘家园站《乐淘北京》　作者：程继东、王永刚

图 76　车道沟站《和谐共生》 作者：程继东、王永刚

图 77　阜通站《一人一画》 作者：王中

图 78　望京站《都市梦想》《都市生活》《都市时尚》 作者：熊时涛、李震

北京记忆

THE MEMORY OF BEIJING

学子记忆

THE MEMORY OF STUDENTS

古都记忆

THE MEMORY OF THE ANCIENT CAPITAL

地铁公共艺术实践 SUBWAY PUBLIC ART PRACTICE

雕刻时光

SCULPTING IN TIME

孙子兵法

SUN ZI WARCRAFT

奥运中国梦

CHINESE DREAM OF THE OLYMPIC

北京地铁 8 号线 南锣鼓巷站 站厅层公共艺术设计

南锣鼓巷

（一）基础资料研究

南锣鼓巷位于北京城中轴线的北端，是北京最古老的街区之一，位列 25 片旧城保护区之中。南北走向，北起鼓楼东大街， 南止地安门东大街，全长 786 米， 宽 8 米，区内有著名的北京六海水系，环境优美。

南锣鼓巷与元大都 (1267 年) 同期建成，是我国唯一完整保存着元代胡同院落肌理、规模最大、 品级最高、资源最丰富的棋盘式传统民居区。这里重要古建筑密集，是北京传统胡同聚居区之一。

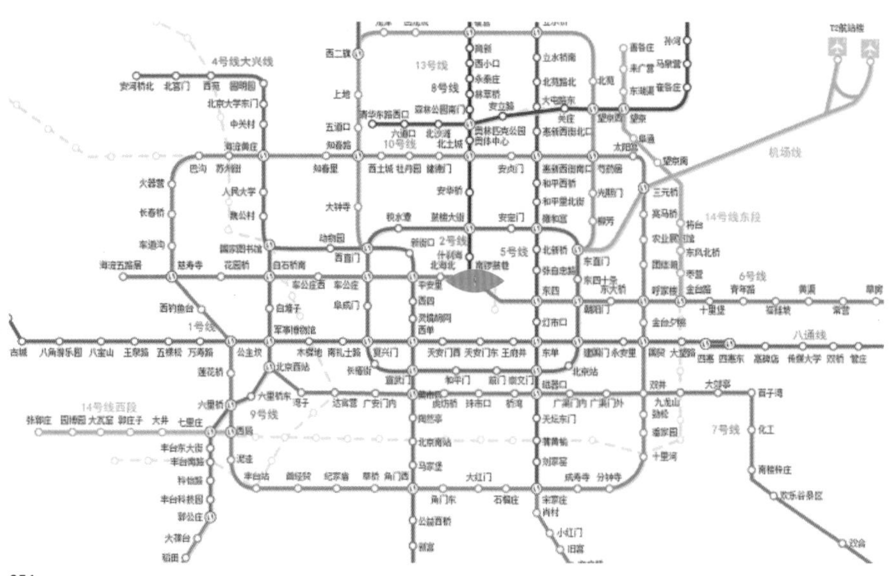

（二）空间布局基础研究

南锣鼓巷是北京最古老的街区之一，北京保护最完整的四合院建筑群，明清以来这里一直多有名人雅士居住。这里的每一条胡同都有丰厚的文化积淀，每一个院落都诉说着古老的故事，透露出贵气、优雅的内涵，承载着老北京的文化记忆。

《北京 · 记忆》位于 8 号线南锣鼓巷站站厅层中部。长 20 米，高 3 米。水平交通流线为近距离观赏流线，上下进出站台层流线为远距离全景观赏流线。

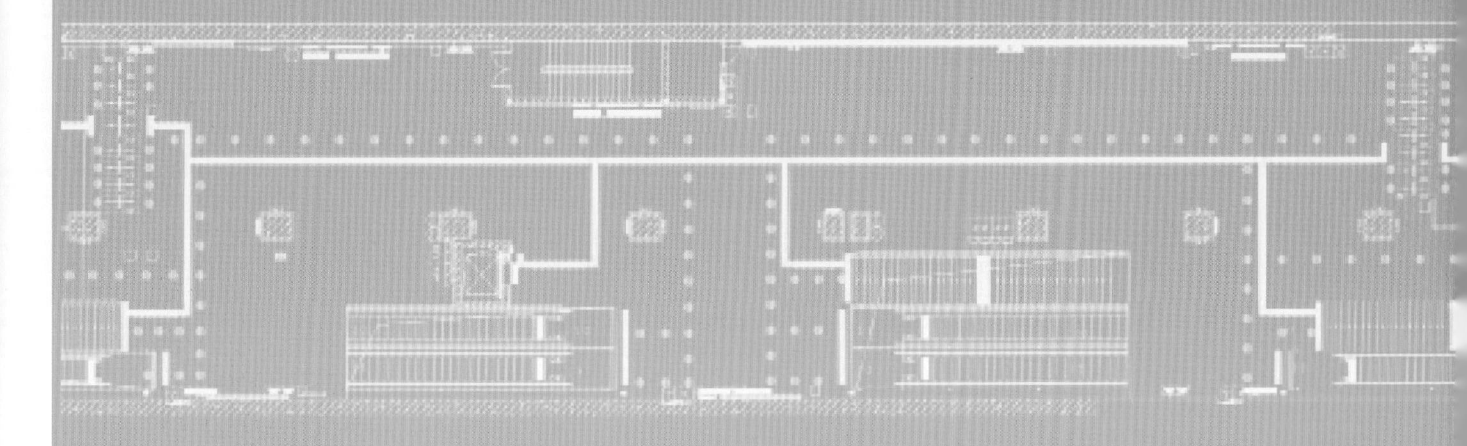

（三）策划定位

公共 + 大众 + 艺术

公共艺术

让《北京 · 记忆》成为：植入城市公共生活土壤中的“种子”

《北京 · 记忆》强调地域识别性和互动参与性。通过创新的策划理念、广泛的协同合作、多维的空间延展，成为反映北京城市发展新时期风貌、体现北京精神的公共艺术计划范例。

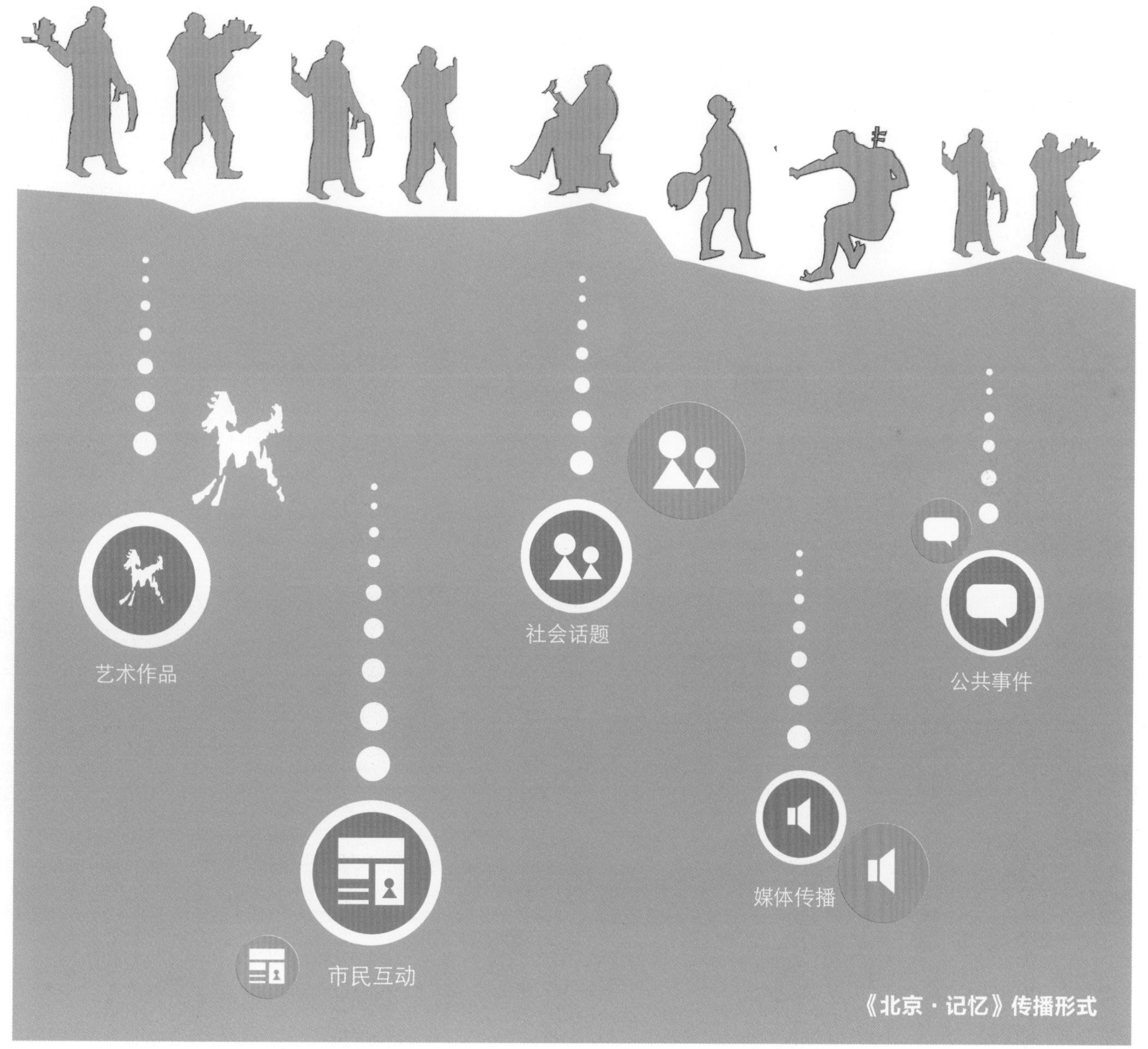

《北京·记忆》传播形式

（四）作品创意读解

作品以琉璃封存具有代表性的北京生活老物件，拼贴成老北京典型的人物形象和生活场景的剪影，将老北京的记忆通过艺术形式展现与存留。

1 老北京生活场景再现

经过前期田野调查和基础资料的收集和整理，发觉南锣鼓巷地区是北京地区老北京人生活缩影的集中体现地，这里还保留着许多老北京人的生活记忆。

2 老北京生活物件收集 3 封存－记忆 4 拼贴－再现 5 乘客互动

方案设计

（五）封存物征集

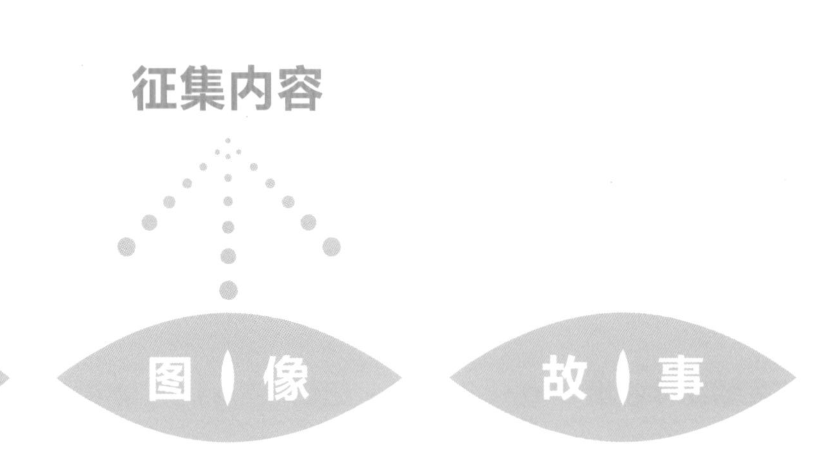

公开征集

通过官方网站、合作媒体向全社会发布征集启事，市民自行选择承载个人与城市记忆的物品应征。

目标走访

执行团队实地走访北京重要的老字号商户、非遗传承人等，征集他们的城市记忆故事和纪念物。

田野调查

执行团队深入北京城区、乡镇，访问当地居民，发放普查问卷，征集封存物，推广本公共艺术计划。

采访民间老艺人

机动车

征集老物件共 1000 余件

京·大兴
0007086
友谊
北京
6344260
伍市斤

（六）制作工艺及流程

先把所有的琉璃块安装完毕，投入地铁运营，征集活动可以穿插其间，利用本作品随时可以替换物品的特点，循序渐进地替换完所有小容器，完成二次创作。

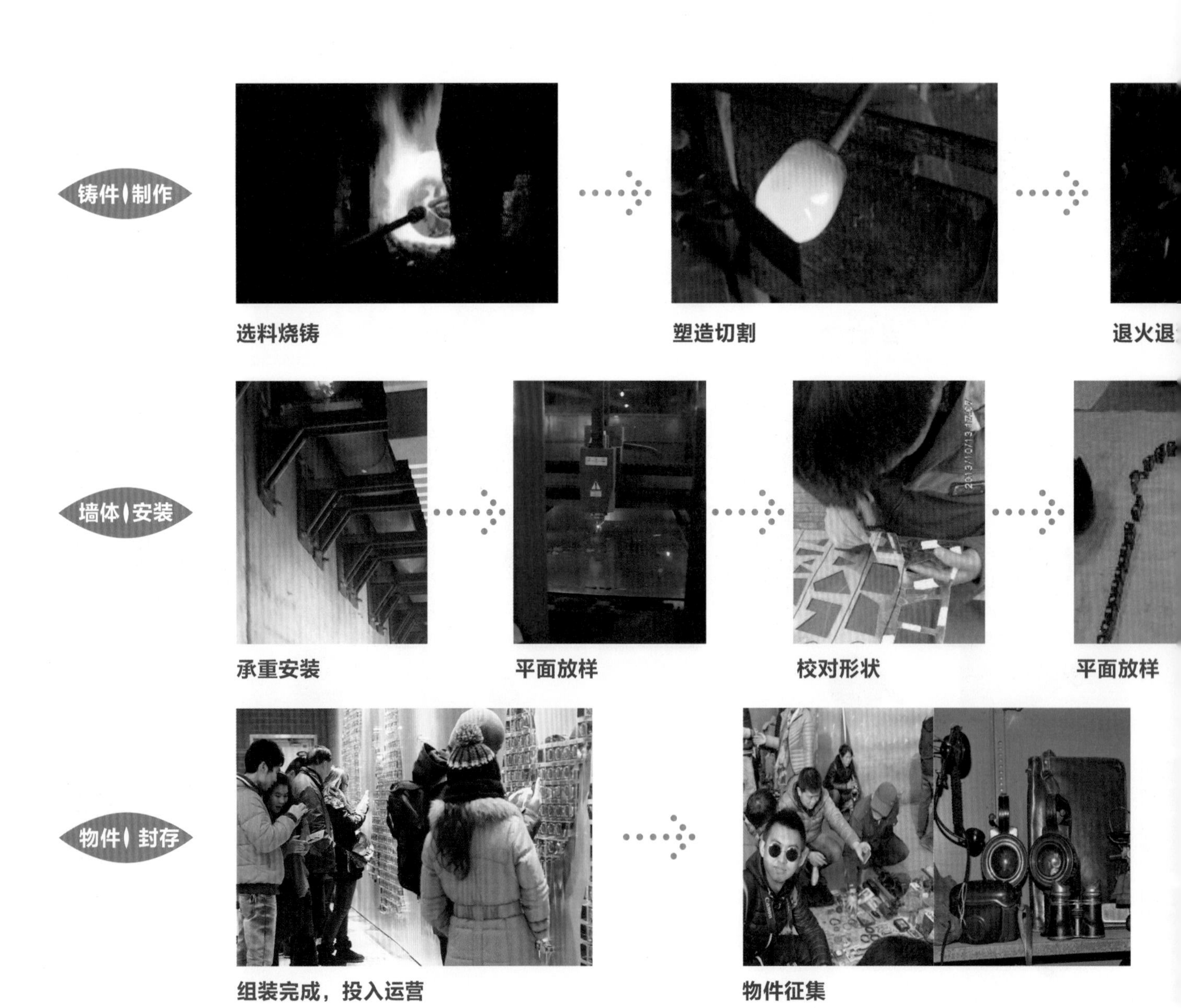

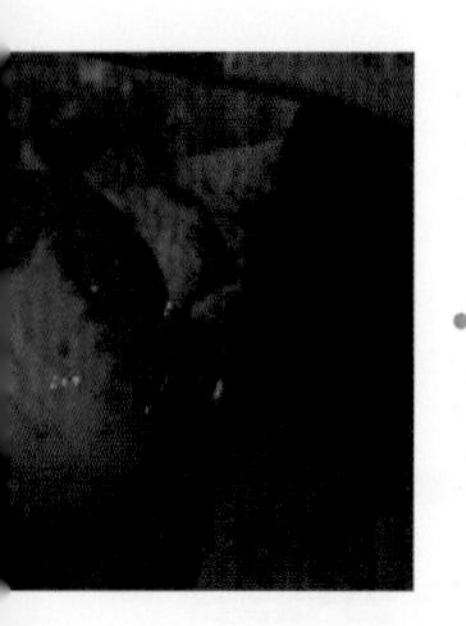

细修抛光

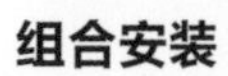

组合安装

墙体拼接

构件安装

灯光调试

安装完成

替换安装

（七）工作进度及计划

在制作过程中，有数十道工序，而且主要依靠手工制作，一模一件。不仅工序繁复，且生产周期长，大些的作品仅烧制过程就需 20 多天。在所有这些工序中，最难把握的还是在炉窑中烧制这道工序，炉温曲线稍有不合理，烧出的就可能是一炉废品。且不同造型的作品，其炉温曲线也很不相同。如果掌握技术的火候不够，一件新作品要试烧好几炉也不能保证成功。

11 月 17 日

站内场地基础打桩及测试

1. 顶部基础安装

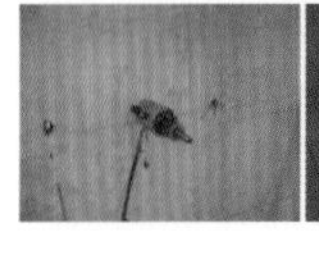

2. 承重钉安装及测试（每单元墙体重约 3 吨，每单元安装 4 个承重钉，4 个钉可承重 25 吨）

琉璃异形件重新下料调整色差出胚形

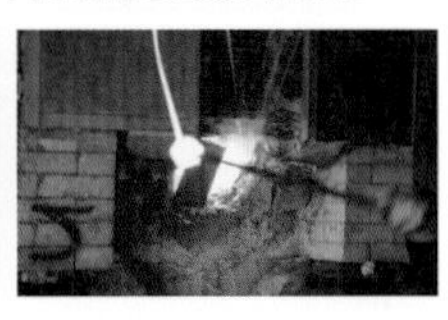

11 月 18-20 日

铝板卡模切割

11 月 21-23 日

琉璃块铝板底面打孔

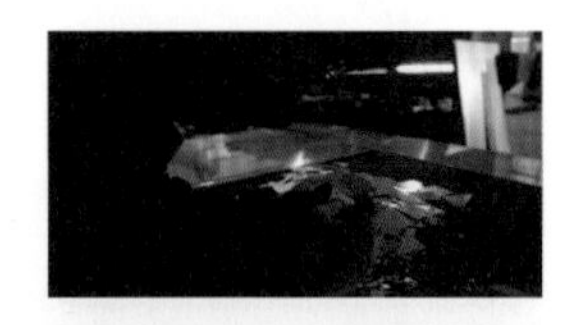

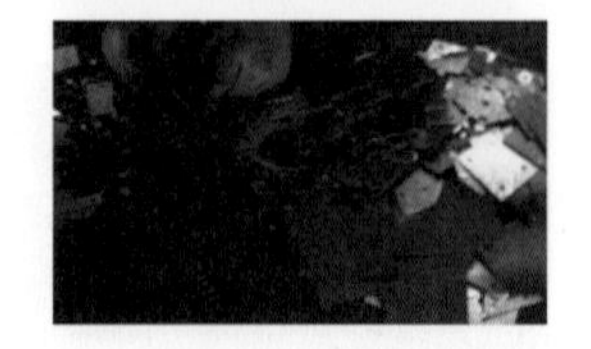

时间	工作进程
2013 年 11 月 25 日	完成琉璃加工
2013 年 11 月 30 日	完成地铁墙面主体结构
2013 年 12 月 10 日	启动田野采集工作，分组采集、采访
2013 年 12 月 26 日	完成地铁墙面安装（墙面整体完成）
2014 年 01 月 03 日	媒体公开征集公告，公开作品网站
2015 年 12 月 28 日	完成征集工作，开始整理和完善工作
2016 年 03 月 31 日	完成最终作品

11 月 22 日

琉璃标准校验完成，合格发往北京，不合格件修整，随下批次发送。

11 月 23 日

琉璃异形件卡模运往淄博 开始异形件加工校对修整

互动原理

物件语音简介
观众留言互动
物件简介
大戏楼
China Show
2.6*3.2cm
王易
2013 / 06
李尔
2013 / 06
张伞
2013 / 08

WEB端设计

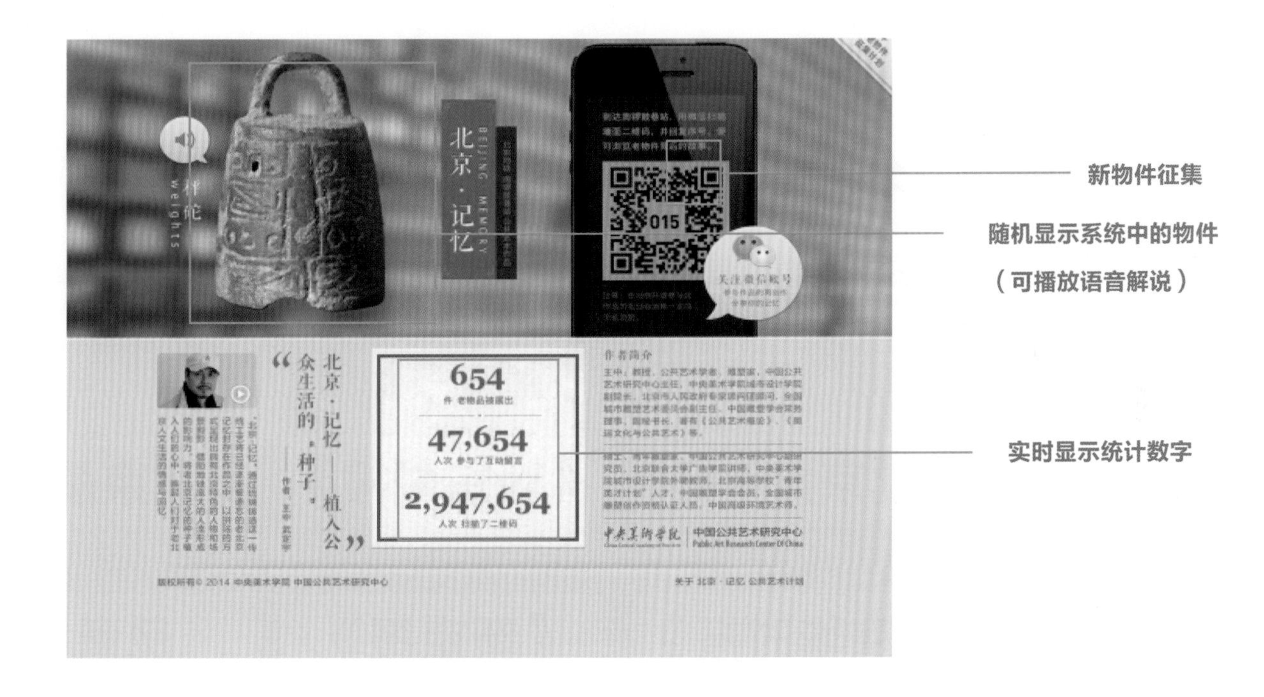
北京·记忆
BEIJING MEMORY
秤砣
weights
654
47,654
2,947,654
新物件征集
随机显示系统中的物件
（可播放语音解说）
实时显示统计数字

（十）媒体宣传

艺术 | 作品　市民 | 互动　社会 | 话题　媒体 | 传播　公共 | 事件

北京地铁公共艺术新篇章

合作媒体

《北京晚报》　《北京青年报》　《新东城报》　《北京晨报》

BTV 文艺　《京华时报》　《新京报》　凤凰网

新浪网　搜狐网　腾讯网

南锣鼓巷地铁站，4000多块包裹二维码的琉璃展现老北京场景

京味儿“靓”地铁

赵婀娜 章 正

有人说，城市是靠记忆而存在的。

老北京的记忆，可能是房檐饱经风霜的雕花瓦当，也可能是胡同里叫卖糖葫芦的声韵悠长。一度，这些人文记忆的画面逐渐模糊。然而，当粮票、顶针、老字号品牌“走”出博物馆，出现在人流密集的地铁站台等公共空间时，传统文化与现代生活找到了更亲密的接口，北京这座城的人文形象也更加立体。

传统文化不应自封在角落里，也不应冰冷地说教，如何让传统与现代齐飞，审美与实用共生，如何让传统文化“活起来”，也能“火起来”，值得多些探索。

——编 者

1月2日，走进刚刚运营的北京地铁8号线南锣鼓巷站，灰色墙面上的北京特色人物与场景剪影顿时映入眼帘，街头表演、遛鸟、拉洋车……活灵活现。刹那间，南锣鼓巷地铁站外那些依然保持着老北京胡同风貌的今日图景，与多年前老北京的生活风貌相映生辉，让人感到了浓浓的“北京味儿”。

神奇的是，这些场景是用4000多个琉璃单元体拼贴而成。忍不住走近，轻轻触摸这些琉璃块儿，你会惊讶地发现，每一个琉璃块儿里面竟然包裹着一个二维码，每一个二维码对应一个文化味儿十足的老物件，拿出手机扫一扫，文玩核桃、扳指、串珠……现代与传统，科技与历史，就这样完美地在你面前融化在一起。

在南锣鼓巷地铁站，中央美术学院城市设计学院副院长王中教授领衔的设计团队，以“北京—记忆”为主题，就这样让传统文化“活”了过来。

斗蛐蛐、拉洋车、吹糖人……“京味儿”被推送到眼前

地道北京人都知道，南锣鼓巷位于北京城中轴线的北端，南北走向，北起鼓楼东大街，南止地安门东大街，全长786米，宽8米，区内有著名的北京六海水系。南锣鼓巷始建于元代，是北京老城区的核心、北京最古老的街区之一，也是我国唯一完整保存着元代胡同院落肌理、规模最大、品级最高、资源最丰富的棋盘式传统民居区，且重要古建筑密集，是北京传统胡同聚居区之一。

“这里的每一条胡同都有丰厚的文化积淀，每一个院落都诉说着老故事，透露出贵气、优雅的内涵，承载着老北京的文化记忆。因此，南锣鼓巷是让今日北京找回往日北京记忆的最佳之地。”王中介绍。

走进地铁，触摸那一方琉璃，你就打开了一扇窗，一扇通往老北京传统文化的窗。

琉璃墙上有“天桥八大怪”，北京的天桥上，说书的、唱戏的、卖艺的尤其以不同时期的“天桥八大怪”最为出名。他们或身怀绝技、技艺超群，或相貌奇特、言行怪异……琉璃墙上有北京的门神。门神，保佑平安之意，在北京民宅的大门上，各地门神应有尽有。如：燃灯道人、赵公明，东汉的姚期、马武，抗金英雄岳飞、韩世忠，多取自中国古典名著中的英雄好汉，这些武艺出众、仗义疏财、精忠报国的英雄，妇孺皆知，影响面广。

还有好多呢，斗蛐蛐、拉洋车、吹糖人……一幅幅活灵活现的老北京的市井图汇集在一座地铁站里，抓人眼球，引人瞩目。

南锣鼓巷地铁站内，包裹着二维码的琉璃单元体。 本报记者 赵婀娜摄

找寻散落的老物件，延续传统文化的生命力

一枚徽章、一张粮票、一个顶针、一条珠串、一张黑白老照片、一个老字号品牌，都是一个时代的缩影。秉持这样的理念，设计团队力求通过琉璃铸造这一传统工艺，将逐渐被遗忘的老北京记忆封存在作品中，借助地铁庞大的人流，将老北京传统文化的种子植入人们的心中，唤起对老北京人文生活的情感与回忆。

在设计团队中，有地地道道的北京人。设计时，他们常常这样追忆：那时候，是一片金色的紫禁城；那时候，是一片灰色的四合院；那时候，是清凉凉的护城河；那时候，我们都在老北京的城墙下打羽毛球。现在，老北京不少物质的东西不见了，不能连生动的非物质的东西也不见了。否则，北京这座城，就没有什么值得传承的了。

“如何传承？我们能做的是找寻和讲故事。找寻散落在老百姓家中的老物件，找寻埋藏在内心最柔软之处的老记忆，然后，讲故事，讲述这些老物件背后的故事，讲述这些记忆中最动人的故事。这些故事可以属于一个人，也可以属于一个群体，还可以属于一座城市。”王中说。

如何做到这一点，王中团队做了不少的努力。他们实地走访北京重要的老字号商户、非遗传承人等，征集他们的城市记忆故事和纪念物。团队还深入北京城区、乡镇，访问当地居民，发放问卷，征集封存物。团队还通过官方网站、合作媒体向全社会发布征集启事，市民自行选择承载个人与城市记忆的物品应征……

“如果用这种方式将北京的故事传承下去，我们可以说，这一代人是无愧于这座城，无愧于民族，无愧于文化的。”王中说。

“地铁公共艺术是传承城市文脉的最好载体之一。”王中说。巴黎的地铁尽显浪漫气息，伦敦地铁将城市历史与现代艺术相结合，蒙特利尔的地铁文化强调的是简练抽象，马德里的地铁艺术表现的则是无处不在的东西文化碰撞与融合。

打量国际地铁艺术品发展，地铁空间已经成为城市文化与品牌的重要组成部分，地铁文化的建设也已成为衡量国际都市品质的重要指标之一，公共艺术介入城市地铁空间也成为一种国际趋势。而北京地区作为国内最早建设地铁的城市，其公共艺术的发展对我国的地铁文化艺术建设具有重要的作用。

“经过几代艺术家、设计师的探索和努力，北京地铁公共艺术形成了独有的设计理念，即传承北京城市文脉、发扬北京城市精神、地上地下映射互动。”王中介绍，“随着北京轨道交通建设的发展，站点空间日渐完善，在站点装修设计建设进行的同时，站点内公共艺术品的创作和设置已成为激活站点空间，反映北京城市文化，体现北京精神的重要载体和手段。”

《人民日报》2014年1月3日第12版

记者探访8号线新站

南锣鼓巷站 老物件分享北京记忆

北京地铁8号线新线即将开通，本报记者提前探访5个新站。

5条公交途经

四条通道单向换乘

E口出来就逛街

琉璃块封存老物件

《北京晚报》2013年12月27日第10版

地铁南锣站向市民征集“北京记忆”

本报讯（记者 梁琦）地铁8号线南段南锣鼓巷站投入运营，实现与6号线的同站换乘。南锣鼓巷站中的“北京·记忆”地铁公共艺术作品一同亮相。作品首次突破了传统地铁空间艺术品的空间局限，利用新媒体、网络等多种形式，与城市、公众和社会发生互动；将公共、大众与艺术融合在一起。目前开始向市民征集小物件。

一枚徽章、一张粮票、一个顶针、一张黑白老照片、一个老字号品牌……“北京·记忆”在每一个6厘米见方的琉璃单元体保存一个北京老物件，并设置供手机扫描的二维码。通过手机扫描，市民可以阅读该物件背后的故事并观看相关视频，还可以通过留言等方式进行互动。

创作者之一的中央美术学院城市设计学院副院长、中国公共艺术研究中心主任王中教授在接受采访时表示，“北京·记忆”的灵感来源于琥珀，通过琉璃铸造这一传统工艺将逐渐被遗忘的老北京记忆封存在作品中。其整体艺术形象由4000余个琉璃单元体组成，以拼贴的方式呈现出具有北京特色的人物和场景剪影，如街头表演、遛鸟、拉洋车等。借助地铁庞大的人流形成的影响力，将老北京记忆的种子植入人们的心中，唤起人们对于老北京人文生活的情感与回忆。

“在地铁公共艺术作品中运用多领域、跨学科的创作方法与观众产生互动，并以公共艺术计划的形式来推进地铁公共艺术的创作，在国际上尚属首次。”王中教授表示，过去地铁公共艺术多以壁画、浮雕作品的形式装点空间。“北京·记忆”体现了跨界艺术的多样性及互动性，使作品的形式和载体更加丰富，也更注重其文化属性，强调“生长”的过程。

征集物品要求为固体，凡能代表北京记忆的均可。物件大小控制在 4×4×4cm 以内，接受大物件的组件。据悉，此次征集时间为即日起至明年1月25日。市民可以访问“北京·记忆”的官方网站或微信公众平台获取征集细则，官方网站网址为：www.beijingmemory.org。

《北京青年报》2013年12月31日第5版

3天征集到200多个小物件，4000多琉璃块将在3月底前装满

地铁南锣鼓巷站存储“北京记忆”

本报记者 杨丽娟

在刚刚投入运营的地铁8号线南段南锣鼓巷站，有一堵由4000多个琉璃块组成的装饰墙，这是一件名为“北京·记忆”的公共艺术作品。4天前，地铁南锣鼓巷站向市民征集小物件，用来放进琉璃块中。到昨天，“北京·记忆”创作团队已经征集到了200多个小物件。据该作品创作者之一的中央美术学院城市设计学院副院长、中国公共艺术研究中心主任王中教授介绍，今年3月底，4000多个琉璃块都将装满来自市民的“北京记忆”。

小物件多为票证类

组成“北京·记忆”的琉璃块很小，只有6厘米见方，能够装在里面的小物件自然也有限制。据该作品创作者之一、中央美术学院中国公共艺术研究中心助理研究员宿辰介绍，目前征集到的小物件中，最多的是各种票证，“好多票证都是住在南锣鼓巷附近的大爷大妈捐赠的，他们特别热情。”

这些票证带有浓浓的时代印记：红色的市镇居民粮食供应证，上面盖着北京市粮食局的印戳；蓝色的远郊区县民用购煤证，上面标注的时间是1999年；皱皱巴巴的1分钱纸币，是1953年版的；一张1986年的长城门票，标价只有5角钱；没有日期的邮政汇款通知单上，还印着清晰可见的毛主席语录……

目前搜集到的小物件，还有不少当年市民生活中常见的日用品，一枚顶针、一盒蛤蜊油、一颗算盘珠，都将被装进琉璃块里。其中让创作者们眼前一亮的，是一个铁皮青蛙玩具。宿辰乐不自禁：“我们一群人围在一起，一边讨论项目，一边看着青蛙跳来跳去，逗死了！”

京味叫卖将被“记忆”

中央美术学院创作团队搜集到的“记忆”不仅有实物，还有本不具备实体形态的非物质文化。在征集工作刚启动时，南锣鼓巷街道办事处推荐了曾列入《第二批北京市级非物质文化遗产名录》的“老北京叫卖”。

为创作团队展示叫卖绝活的，是已经年过八旬的老人杨长和。老先生从12岁起开始做小买卖，卖过豌豆和麻花。一口合辙押韵、抑扬顿挫的叫卖声，是很多老北京人至今难忘的胡同印象。让杨长和感到遗憾的是，自己至今也没能找到可以传授叫卖技艺的徒弟，他希望能把自己的叫卖声保存在地铁站的琉璃墙上，让来往乘客了解这一民俗文化。

按照目前的方案，主创团队将把老爷子的叫卖声以音视频的方式进行整理，届时乘客只要用手机扫描琉璃块上的二维码，就能听到纯正的京味叫卖。不过，在这些琉璃块里放进什么样的小物件，才能代表这一非遗项目，创作团队目前还没有定论。

每个小物件都会讲故事

征集小物件，还只是“北京·记忆”创作过程中的一个步骤。除此之外，创作团队还必须挨个儿走访每一个小物件的捐赠者，请他们讲述这些小物件背后的故事，并进行录音和拍摄。届时，所有的音视频资料都将汇集在“北京·记忆”公共艺术计划网站（www.beijingmemory.org）上，并且每一个装着小物件的琉璃块上都会带有二维码。市民无论是登录该网站，还是用手机在地铁站内扫描二维码，都能够倾听或观看这些物件背后的故事。

王中教授表示，收藏在“北京·记忆”中的每一个小物件，都承载着人们对这座城市的记忆，这一作品全部完成后，短期内不会大批量替换其中的物件。不过，他也提到，随着人们生活的变化，也许在五到十年之后，装在琉璃块里的小物件会被逐步更新。

乘客在地铁8号线南锣鼓巷站欣赏尚未完成的“北京·记忆”。

《北京日报》2014年1月3日第9版

BTV－文艺 每日文娱播报报道《北京 · 记忆》

BTV- 文艺 专访访《北京 · 记忆》创作历程

北京地铁八号线南锣鼓巷站
"北京·记忆"
公共艺术计划创作过程
用什么材料来表现
What kind of material could display
它是一个六厘米见方
The colored glaze is six centimeter long and wide
整体的制作方式
The overall production process
八厘米高的一个琉璃构件
and eight centimeter high
第一次退温
Before the material
一次的切割
once incision
两次的退温
as twice cooling
其实每个线都希望
一个来龙去脉
have some communication
金属板的墙面上
he metal plate
我们会把它固定在
we will fix this on
假设已经放到里面了以后
Assuming hat we have put it in the place
把它给合上
这样的金属构件
like this
专门制作了一种
metal component
这样基本的一个框架的前提下呢
coloured glaze with such kind of frame
在一个琉璃
We need to put an object into the

优酷
抛光 等等处理
and burnish
我们会进行相关的打磨
we can proceed the polish
切割完成以后呢进入第二次退温
and then the second cooling
在它还没有完全凝固的情况下
curdled completely after the first cooling
对于互动体验这一块呢
We will make some interactive experience
我们当时选择了琉璃
We chose the coloured glaze at that time
我们还会通过我们的官方网站
Also we could collect some objects through
来进行收集一些物件
our official website
它可以通过手机
cellphone and the code to log in
进入到微信的一个平台上
our wechat platform
这就要求我们这个墙面
It demands that we couldn't
也不是固定死的
fix the wall
拉出来以后
and then go to
安全系数的一种保障
enhance the safety coefficient
二维码的日常维护
The routine maintenance of the two-dimension code
进行日常的更新
民众能在日后的征集过程中
all the public could participate in the work creating

《颂雅风》艺术月刊

No. 02.2014 对话武定宇

采访时间： 2014 年 1 月 5 日上午 10 点

采访地点： 中央美术学院 中国公共艺术研究中心

采访人： 焦萌（刘白）

Q: 这个项目筹备过程比较长，大概是两年时间?

A: 其实一般的情况下，为了完成一件作品，肯定会选择较短的时间，较节约成本的方式来做，但是我们还是希望突破以往地铁艺术所展现出的作品形式。首先想到的是这件作品要与老百姓互动，琉璃里面封存的物件都是经过我们走访、征集得到的，比较特殊的物件我们还要去邀请，像那些老字号、非物质文化遗产的代表等，将他们的故事封存在我们的作品之中。后来在和一些媒体还有我们创作团队的聊天中，这个作品就变得越来越丰富。刚开始它只是一个艺术墙的概念，慢慢变成一个公共艺术作品，随后我们把它定位成一个公共艺术计划。

另外在这三五年里，我们会选择一些更有意义的物件来充实这面墙，会有一个替换的过程，这个墙面慢慢变成一个有生命在生长的作品。我们设立官方网站就是为了维护这个墙面，而不是作品放在那就不管了，这是一个线上线的概念。此外，我们还设立了一个专用的公共微信账号，它会告诉你作品如何征集、应该提供什么资料、如何联系我们。我们每一个作品都有自己的编号，在微信中回复相应的编号就可以了解到这个物件是怎么来的，它代表的是北京记忆中的哪一部分，记录下每一个物件提供者，同时留言的版块可以让公众参与讨论，并且每一件物件背后的故事我们都会同时用文字、语音的方式记录下来，希望一些老年人以及弱势群体也能参与进来。

Q: 艺术品的出现会不会产生人的滞留?

A: 对，因为它是快餐式的欣赏空间，它的第一任务是满足人的通行，提供安全保障，至于艺术空间在地铁建设中则排在比较靠后的位置。如何把握好在满足通行和安全的前提下适当地介入艺术品的互动是需要考虑的，这个度要把握好，让大家能参与进来，不是说这个艺术作品就是一个艺术家的，是属于每一个参与者的，缺少任何一个环节都不完整。

Q: 根据目前我了解到的一些信息，可以看出整个计划从设计到施工完成都投入了大量的人力、物力。那么整个计划根据您的估算大概投入了多少?

A: 这个墙面制作成本我们核算了一下是现有地铁墙面创作投入的三倍。由于政府针对艺术品创作造价是采用包干的方式，剩余的资金投入就需要由创作单位来承担。也许很多人会对这样的做法很不理解，但是如果把它看成是作为一个艺术家对作品应有的责任感，那么一切也就顺理成章了。作为一个艺术家、一个创作者，尤其是公共艺术的创作者，要想做一件好的作品肯定要有和一定要做迎接一切困难的准备。像我们在做交互体验设计的时候和甲方公司进行了多次磋商，刚开始他们总觉得这样会造成人员滞留，经过多方的沟通最后还是接受了，这是花了很长时间才达到这一步的。另外当时作品的位置是在一个夹角的空间，原来的位置有许多防火设施，后来经过努力在政策允许的情况下适当进行了一些调整。

Q: 有没有引入一些企业赞助?

A: 是的，各地的政府都越来越重视地铁的公共艺术创作，但是因为地铁里的空间不可能每一站都这么做，每个设计方案都要根据这个车站所在的位置和这个车站所处的空间在历史上的特殊性，然后再去思考这个作品应该怎么做。有些作品其实可以做得很简单，我们更强调的是观众在地铁空间中对作品的感觉， 和这个空间发生一定的关系，同时它还有一些特殊性在里面，我们并不刻意追求材料有多么贵，工艺有多么复杂，更注重的是作品创作本身的东西。

Q: 随着这一次北京地铁艺术品设计的成功，可以预见今后这样的地铁里的艺术项目可能会更多，投入也将随之加大。

A: 是的，各地的政府都越来越重视地铁的公共艺术创作，但是因为地铁里的空间不可能每一站都这么做，每个设计方案都要根据这个车站所在的位置和这个车站所处的空间在历史上的特殊性，然后再去思考这个作品应该怎么做。有些作品其实可以做得很简单，我们更强调的是观众在地铁空间中对作品的感觉， 和这个空间发生一定的关系，同时它还有一些特殊性在里面，我们并不刻意追求材料有多么贵，工艺有多么复杂，更注重的是作品创作本身的东西。而这次之所以投入较大，也是因为墙面的要求，其实投入最多的地方不是这些琉璃，而是背后的钢结构，全部需要手工来做的，包括我们需要这个墙面能推拉，就需要上下有滑道，因为地铁空间里面做作品不能说做完以后就放在那儿了，这是一个为公共服务的项目，老百姓天天看见这个东西，一旦出现损坏就必须要调整，作品日常维护和安全系数达到什么样的标准以及它的防火问题等都是需要考虑的。

Q: 琉璃一块块拼到一起也是一个具体的形象，这个形象是怎么 确定的？

A: 墙面的整体艺术形象由4000余个琉璃单元体组成，以拼贴的方式呈现出具有北京特色的人物和场景剪影，如街头表演、遛鸟、拉洋车等。我们是想借助地铁庞大的人流形成的影响力，将老北京记忆的种子植入人们的心中，唤起人们对于老北京人文生活的情感与回忆。

Q: 可以说就是老百姓的生活方式。

A: 对， 重新整合一下， 从远看首先看到的是老百姓的生活剪影，走近一看是老百姓一个一个微小的生活记忆，然后这些记忆还是老百姓自己提供的。并且我们会预留一部分墙面，有些特别有意义的作品，我们会让老百姓亲自装上去。参与的市民也是我们创作团队中的一分子。

Q: 这些物件必须是南锣鼓巷这一块的，还是说所有老北京的都可 以呢？

A: 北京是一个国际化的大都市，有很多外地人也生活在这里，我们必须要把他们的这种记忆都表现出来，如果都是单纯生活在这儿的人太局限了。只要是能唤起你关于北京记忆的，哪怕你不是北京人但你小时候对北京有一个记忆的故事，这个故事是土生土长在北京的都可以。你甚至不用给我们一个真实的物件，只要你告诉我们这个故事有多么感人，多么有意义，我们会派专人给你采访拍下视频挂在我们网站上。只要你这个故事宣传的是正能量，宣传的是有文化记忆的东西我们就愿意，哪怕我们复制一下你收藏的物件。我们有4000多块琉璃块，有3000多块是可以放东西的，最起码有3000个人会关注这个作品，还有他身边的人，这个是肯定的。将来这个墙面可能会成为人们来南锣鼓巷必去的地方。现在北京市地铁每条线都在做，它慢慢地就变成了一个地下美术馆的概念，我还在计划做一张北京文化艺术地图，甚至把它开发成APP，你可以通过地铁游北京，线下有什么作品，线上有什么景点和特殊的建筑等等这些，一个文化地图的形式。因为这两年一直都在做地铁公共艺术，就想着怎么做把它做得开放一点，使当前的创作有一些突破，起到一些引领的作用。

Q: 没有选上的收集上来的老物件会在我们的网站上，或者其他渠道上有展示吗？

A: 会有，因为我们正在和非物质文化遗产协会合作，计划在二三月份就做一些关于北京记忆的小范围论坛，包括一些媒体也会跟进。我们还不知道征集以后的作品是什么样，后面能产生什么样的影响力，或者说它能激活多少文化记忆的东西都不是我们能定的，但是会有许多的可能性。现在民众的参与很积极，当然我们还在等待更加特殊和更有意义的老物件的出现。

（十一）市民捐赠及留言

【老北京面人】

面塑，俗称“捏面人”。它以糯米面为主料，调成不同色彩，用手和简单工具，塑造各种栩栩如生的形象。虽然面人的制作方式比较简单，但是却是一种艺术性很高的民间工艺品。

旧社会的面人艺人“只为谋生故，含泪走四方”，挑担提盒，走乡串镇，做于街头，成于瞬间，深受群众喜爱。如今，面人艺术作为珍贵的非物质文化遗产受到各方面的重视。小玩意儿也走入了艺术殿堂。小小一块面团，在手中几经捏、搓、揉、掀，用小竹刀灵巧地点、切、刻、划，塑成身、手、头、面， 披上发饰和衣裳，顷刻之间，栩栩如生的艺术形象便脱手而成。婀娜多姿的少女、衣裙飘逸的天仙、烂漫可爱的儿童展现在眼前，成为当代人们喜爱的工艺美术品。

北京 · 记忆

小的时候，一放学就被学校门口捏面人的老爷爷吸引住。那会儿总觉得，捏面人的老爷爷是一个魔术师。小小一块儿面团，不一会儿的工夫就变成了俏皮的孙悟空，现在想起来还觉得很激动。今天看见这个面人，回忆起来童年北京的太多。

——张春华

其实一看到面人，就有一种热血沸腾的感觉，像是小时候的老朋友又见面了一样。在路上看到捏面人的，双腿不由自主地就停住了。上课都没那么认真，却特别认真地看面人老人做面人。说出来还真有点不好意思。面人的存在，绝对是我们老北京孩子的记忆。

——刘照欣

现在家里还有一个猪八戒呢，已经不知道是什么时候买来的，可能是考试考好了的奖励吧。你说，那会儿多容易满足，哪儿像现在这样需要什么 ipad 之类的。有个小面人，就美得屁颠儿屁颠儿了。多好，多实在。

——王辉棚

我爷爷就是捏面人的，所以我对面人的感情会比普通人深。爷爷总是捣鼓他那一套家伙，爷爷走街串巷的箱子被我称为“百宝箱”。用小竹刀灵巧地点、切、刻、划那么几下，小兔子、小狗就活灵活现了。在家里，我还吵着让爷爷给我捏黑猫警长呢。哈哈，真是太多的感情了。

——刘明月

毫不夸张地说，我绝对是面人的忠实粉丝。小时候的狂热就不说了，为了买面人，没少耍赖让家长买。现在长大了，面人明显少了，但是我还是在南锣鼓巷、北海转悠，总能找到熟悉的面人、熟悉的手法，当然还有熟悉的记忆。

——赵海光

【无花果】

提起无花果，大家脑海里一定都浮现出了那个 5 分钱一袋的小东西。它状如细丝，是味道酸且甜的零食，常见的包装是以小的透明罐子作为容器，原料是将晒干的木瓜丝漂白后再加上糖精与人工香料，与无花果树没有关系。虽然制作工序简单，但是吃起来却是美味可口。无花果，是儿时零食的一种代表，让我们看到它就想起快乐无比的童年。

北京 · 记忆

可能现在的孩子们对于无花果一点感觉都没有了，我是一个 80 后，对它可谓是情有独钟。现在市场上虽然也还有无花果卖，但总是觉得吃在嘴里的感觉不一样了。可能是从原来的 5 分钱一袋涨到 5 毛了吧。哈哈，零食界的鼻祖。

——冯海阔

小学门口一个老爷爷骑着三轮车卖小吃的，那会儿兜里揣着几毛钱就和大款一样，我总是去买无花果，好吃量大还好看。感觉自己和打广告一样，其实只是突然的回忆而已。

——张跃超

现在也说不出无花果究竟是好吃在什么地方，但是就是很喜欢吃。今天再看见它，又激发了淘宝一下无花果的冲动。小时候的回忆，总是那么的美好。

——李天月

去大连玩的时候，在超市里面看到无花果了，好多年没有见到，特别的激动。还没有吃，味蕾就已经自觉地分泌出它的味道了。记忆真是个可怕的东西。

——王鹏磊

在我看来，一袋无花果远远比现在的这些什么薯片啊、汉堡啊好吃实在得多。现在的孩子们没有吃过无花果，简直就是一种损失。不过，我对于无花果更多的还是小时候的回忆。

——刘星

【泥猫】

泥猫是一个传奇色彩强烈的小东西，相传与神话中女娲用黄泥造人有关。其制作工艺非常复杂，首先取泥、和泥、入模、出模，然后焙干、上白粉、线描、上彩、上清漆等十多道工序。制作泥猫需要泥、模具、画笔、颜料、清漆等几样必不可少的工具。其中泥和模具的质量非常重要，直接关系到泥猫的质量和活泼的造型。和泥、入模、出模，最后把泥猫粘合起来，这样泥猫的模型就制作完成了。泥猫捏成后还要设色敷彩。泥猫虽不能捕鼠，但放在案头上，老鼠却非常害怕，就像见到真猫一样。泥猫小巧玲珑，携带方便，传统色彩浓厚，广受人们的喜爱。

北京 · 记忆

泥猫，可能好多人不太熟悉，但这不包括我啊！这也能算是老北京的玩具了，现在潘家园还有个老爷子在卖泥猫呢。别看只是一块泥巴，出来的效果真是活灵活现。好多外国的朋友都特别喜欢，吵着让我给带泥猫。

——Eric

我对泥猫印象不是特别深，但是总觉得似曾相识一样。毕竟是我们的青春产物吧。

——李英珠

传说中国民间捏小泥人的，就是继承了女娲的手艺。所以说，别小看这小小的泥猫，可是流着传统神话的血液。每次拉线听着泥猫喵喵叫，都觉得这小东西可真是神奇。

——王丽

爷爷给我买过，爷爷说放在桌子上，可以震慑老鼠。我到现在也不知道有没有这种功效。哈哈。

——张晓峰

看到泥猫，挺亲切的。小学时候，我们班里组织过去农村一个老奶奶家里学习过。还亲自去田地里取泥巴呢。现在自己做的那只，还在家里摆着呢。准备留着回头给自己的孩子。

——李佳佳

微信
028
扫一扫

（十二）现场观众互动

规格：20 米 x3.2 米　工艺：琉璃铸造

（十三）参与人员

作　　者　王中、武定宇

创作团队　魏鑫、宿辰、田爽、王浩臣、刘锐、王海利、毛庆虎等

业主单位　北京市轨道交通建设管理有限公司

建设单位　北京央美城市公共艺术院

监管单位　北京城市雕塑建设管理办公室

支持单位　中央美术学院中国公共艺术研究中心
中央美术学院轨道交通站点空间设计研究中心
北京联合大学艺术学院

（十四）创作感受

《北京·记忆》这件作品起初就是一个艺术墙的概念，它的创作得到了很多朋友的关注和支持。大家为此出谋划策，特别是在云浩和北京电视台文艺频道李兰主任的介入下，作品有了更多新的可能……

《北京·记忆》并不局限于艺术品的概念，我把它定义为一项公共艺术计划，主要是想强调作品本身的计划性和系统性。在创作之初，我们通过宣讲、走访、推广的方式征集到所需的创作素材，这个过程我们强调的是作品的“社会性”和“公共性”的价值体现;在地铁空间的公共艺术创作方式上则是强调跨界艺术的多样性、互动性，将多媒体艺术、新媒体技术、网络空间等因素纳入到作品创作中。我们试图去建构一个虚拟平台，展现作品的“时间性”，使作品的形式和载体更加丰富，增强了作品的延展度。

这是一次尝试，它是用全新的方式阐述地域文化，着重展现其场所精神的内核，抓住“记忆”这个概念，强调作品多样的“生长”过程。此时的“北京·记忆”已不仅仅是城市公共空间物化的艺术品，随着时间的发展，它还会是一个市民互动事件，一次媒介与公众的交流，甚至会引发一个社会话题，并最终成为一个公共事件。它将是植入城市公共生活中的一颗“种子”，诱发文化的“生长”。

学子记忆 THE MEMORY OF STUDENTS

北京地铁 15 号线 清华东路西口站 站厅层公共艺术设计

清华东路西口站

（一）基础资料研究

清华东路西口站位于北京市海淀区，北四环北侧的清华东路西端。临近地铁 15 号线学院路站和地铁 13 号线五道口站。

在其主要服务半径 1.5 千米范围内有清华大学、北京林业大学、北京语言大学等 7 所大专院校和多个科技创业办公园区。因此，在清华东路西口站的公共艺术作品的受众群体特点是：大学生、科技企业工作人员等高知群体比例较高。

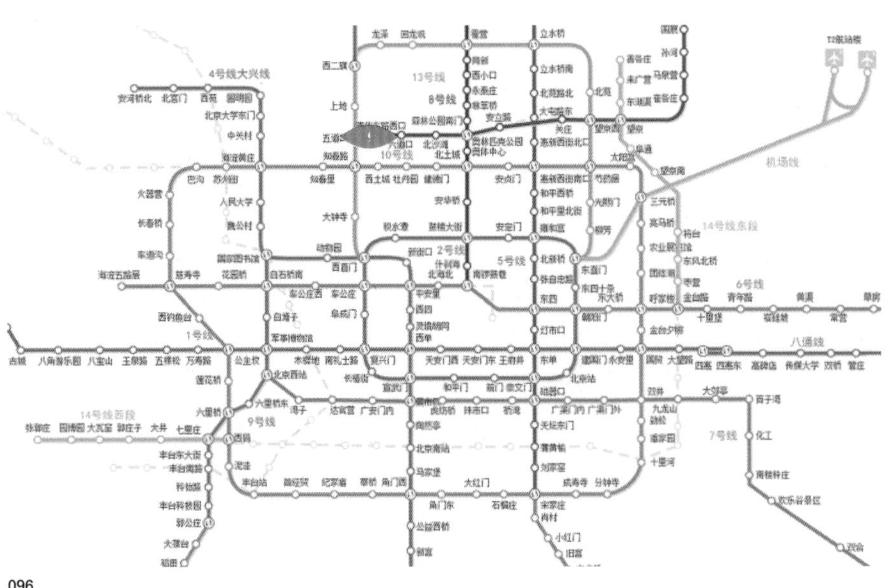

（二）空间布局基础研究

本站站厅层通道、楼梯较为密集，空间相对复杂，缺少适宜设置艺术品的空间。同时站厅层人流速度较快，不利于观众欣赏较精微的艺术品。

站台层候车区两侧各有一面 20 米宽、3 米高的完整墙面，适合设置艺术品。

同时在候车期间，乘客将有充裕的时间欣赏艺术作品。

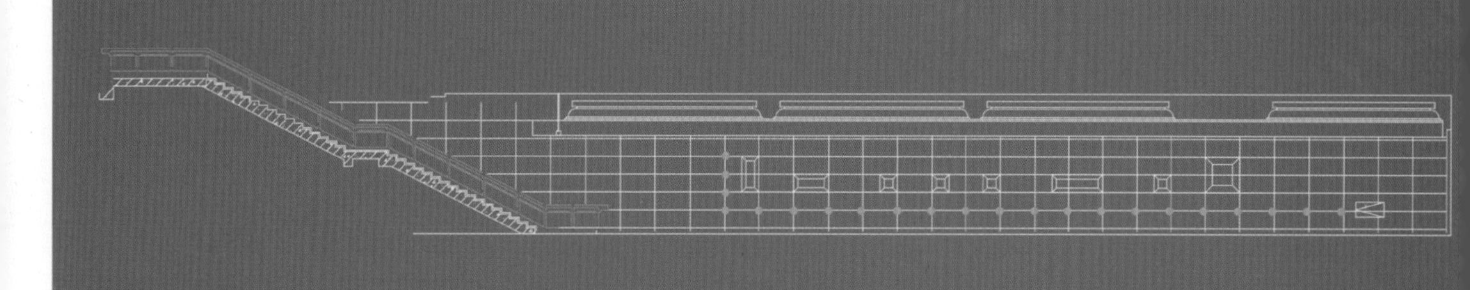

（三）策划定位

选择学子记忆作为表现的主题，

并不仅仅因为在地理位置上**临近多所高校，**

更因为在当代社会，几乎所有人都有着类似的**求学经历**

和学子身为学子的**青葱记忆。**

某种程度上，附近的这些学府，

承载的也是每一个、乃至于国家和民族的**梦想和希望。**

选择学子记忆进行演绎，将最大限度地激发欣赏者的共鸣，

触动珍藏于内心的**美好记忆。**

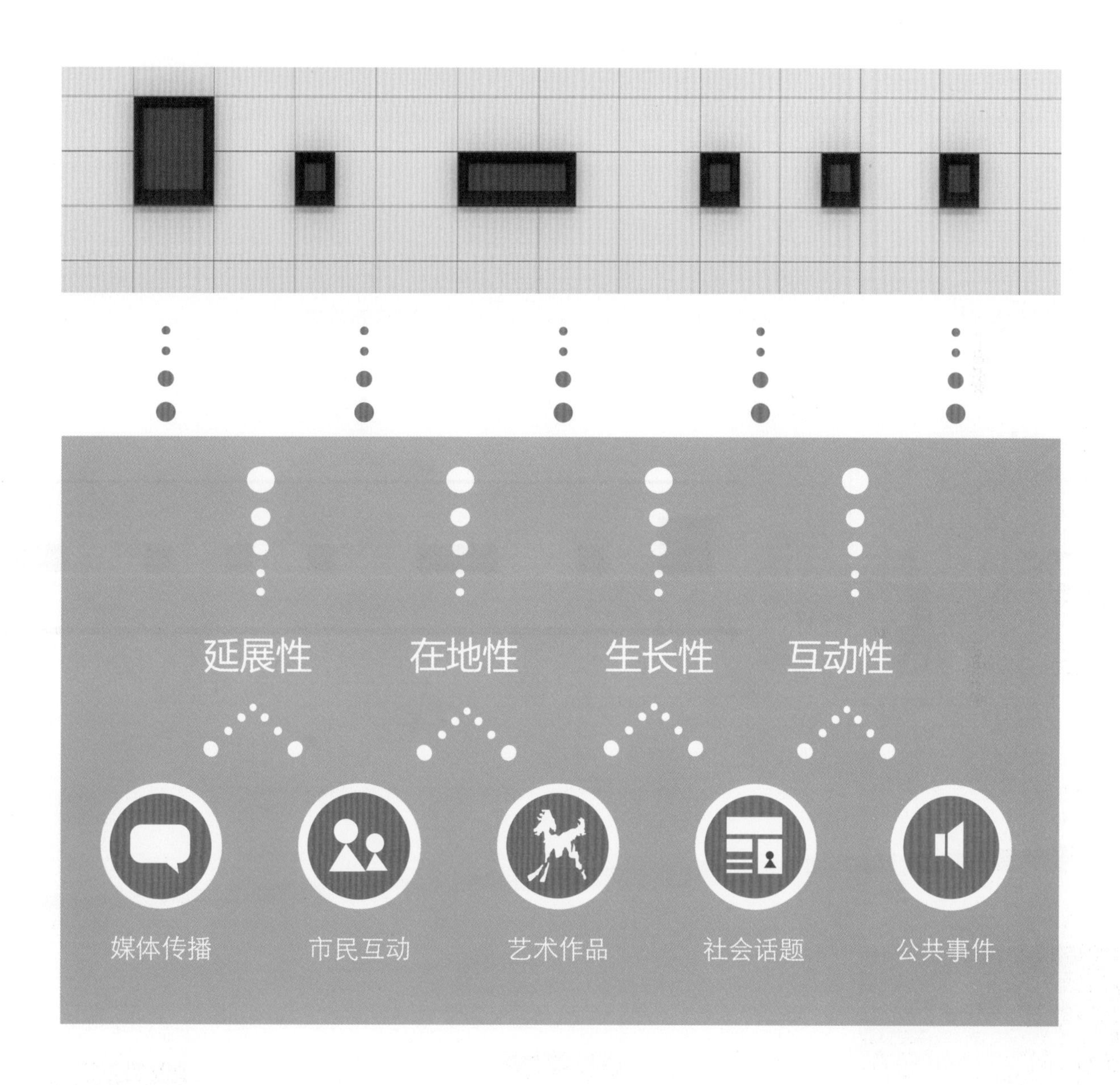
延展性
在地性
生长性
互动性
媒体传播
市民互动
艺术作品
社会话题
公共事件

（四）作品创意解读

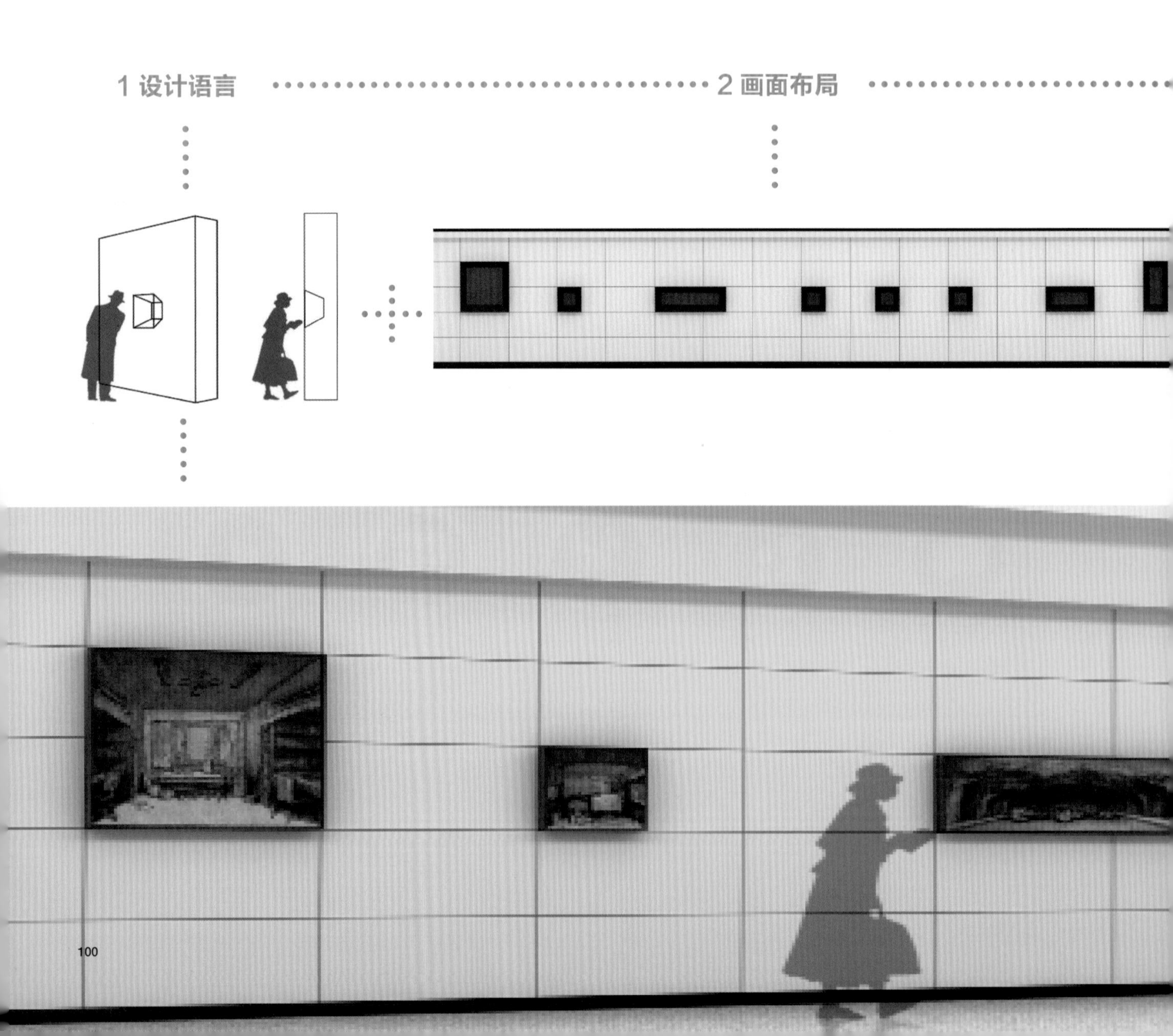

在这一站的艺术品设计中，我们将展示空间、交互设计和艺术品创作结合起来，在人流空间中打造一个小型的展馆，让受众在行进中感受到美术馆一样的艺术氛围和这些学子记忆所带来的温暖和快乐。

运用三维浮雕的手法表现学子的共同记忆，并呈现在梯形镜面空间中，利用梯形斜面和镜面的特点与三维浮雕形成呼应，产生趣味性的小型展示空间。

3 单元体设计

4 互动衍生

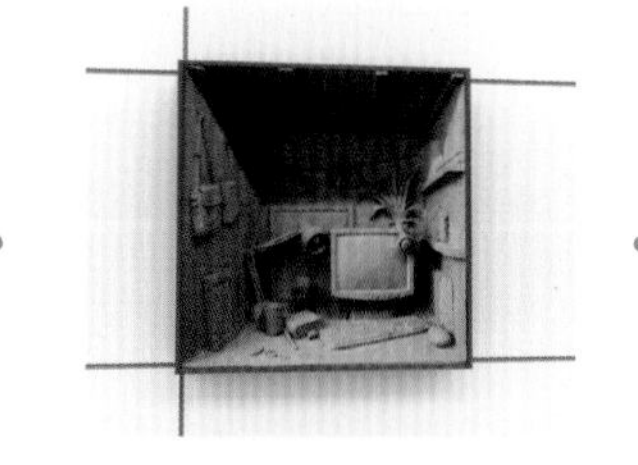

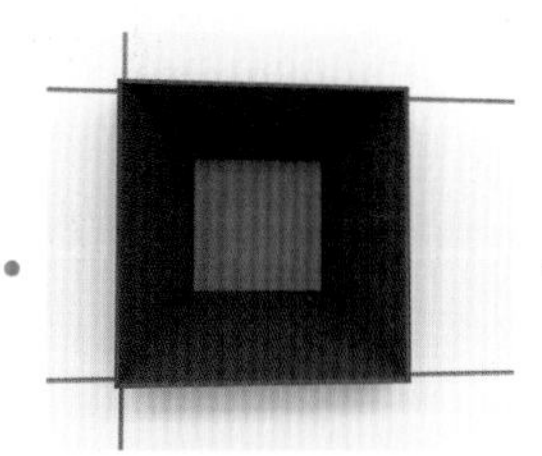

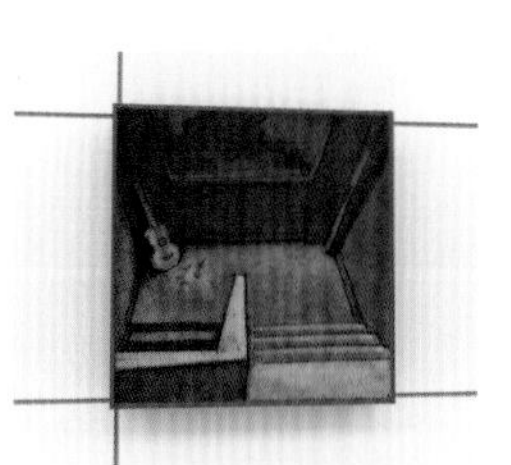

（五）设计草图

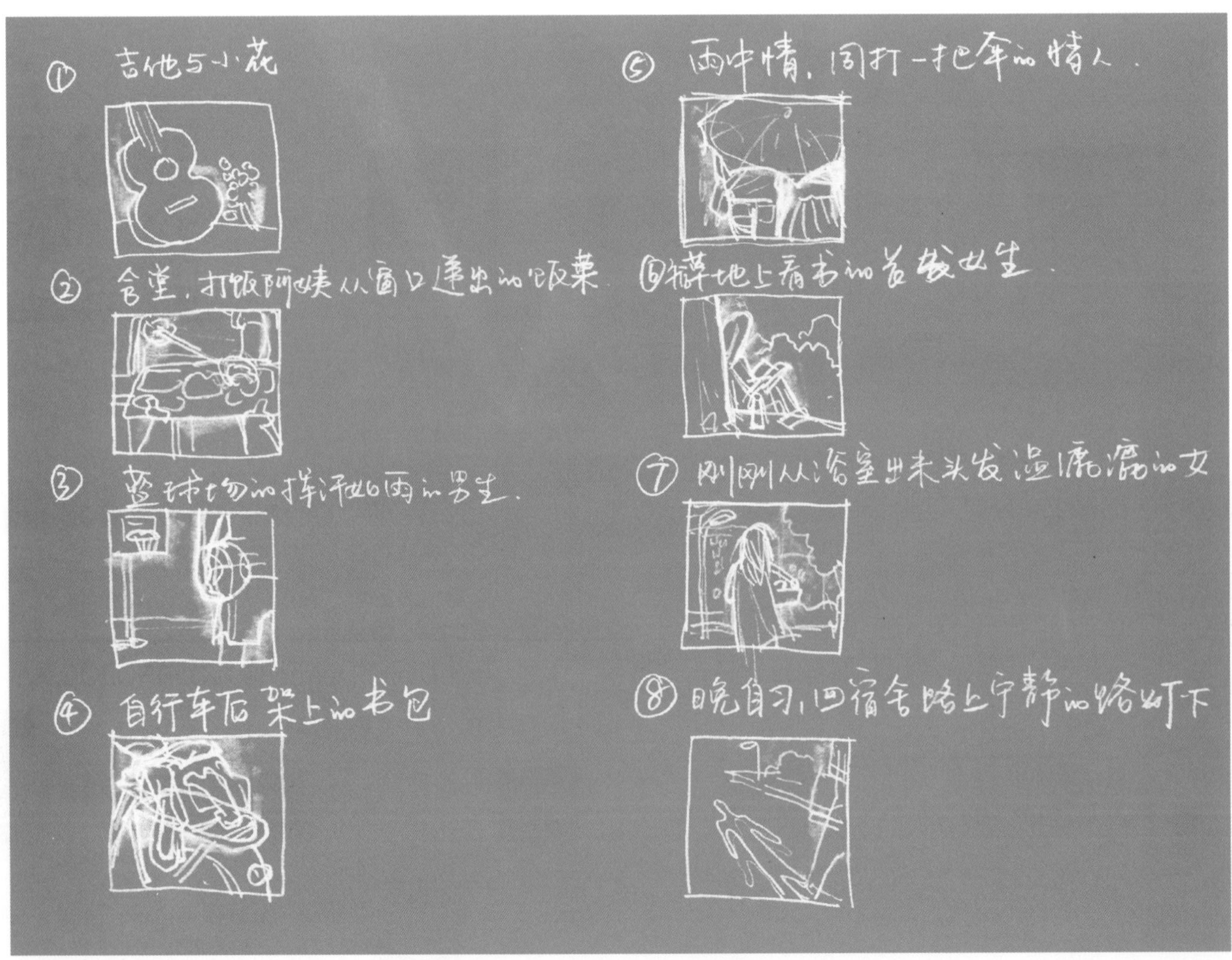
①吉他与小花
②食堂，打饭阿姨从窗口递出的饭菜
③篮球场的挥汗如雨的男生
④自行车后架上的书包
⑤雨中情，同打一把伞的情人
⑥草地上看书的长发女生
⑦刚刚从浴室出来头发湿漉漉的女
⑧晚自习，回宿舍路上宁静的路灯下

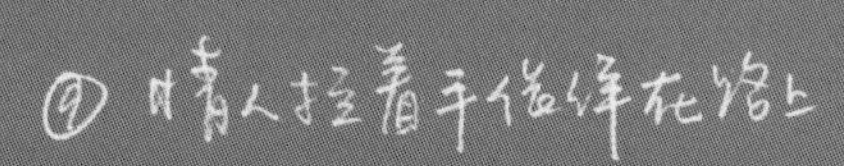
⑨ 情人拉着手徜徉在路上

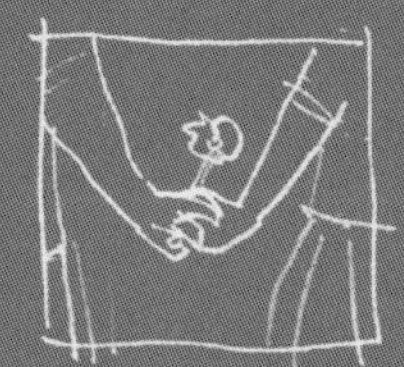

⑩ 宿舍床上台灯、书、枕头、MP3、手机

⑪ 抛向空中的博士帽

⑫ 宿舍

⑬ 宿舍，爬上上铺的脚和在爬梯上的衣架

⑭ 图书馆

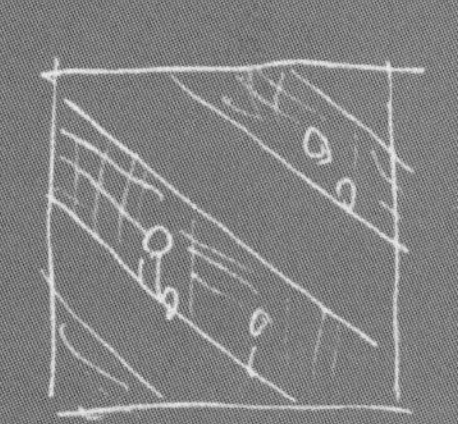

⑯ 阶梯教室

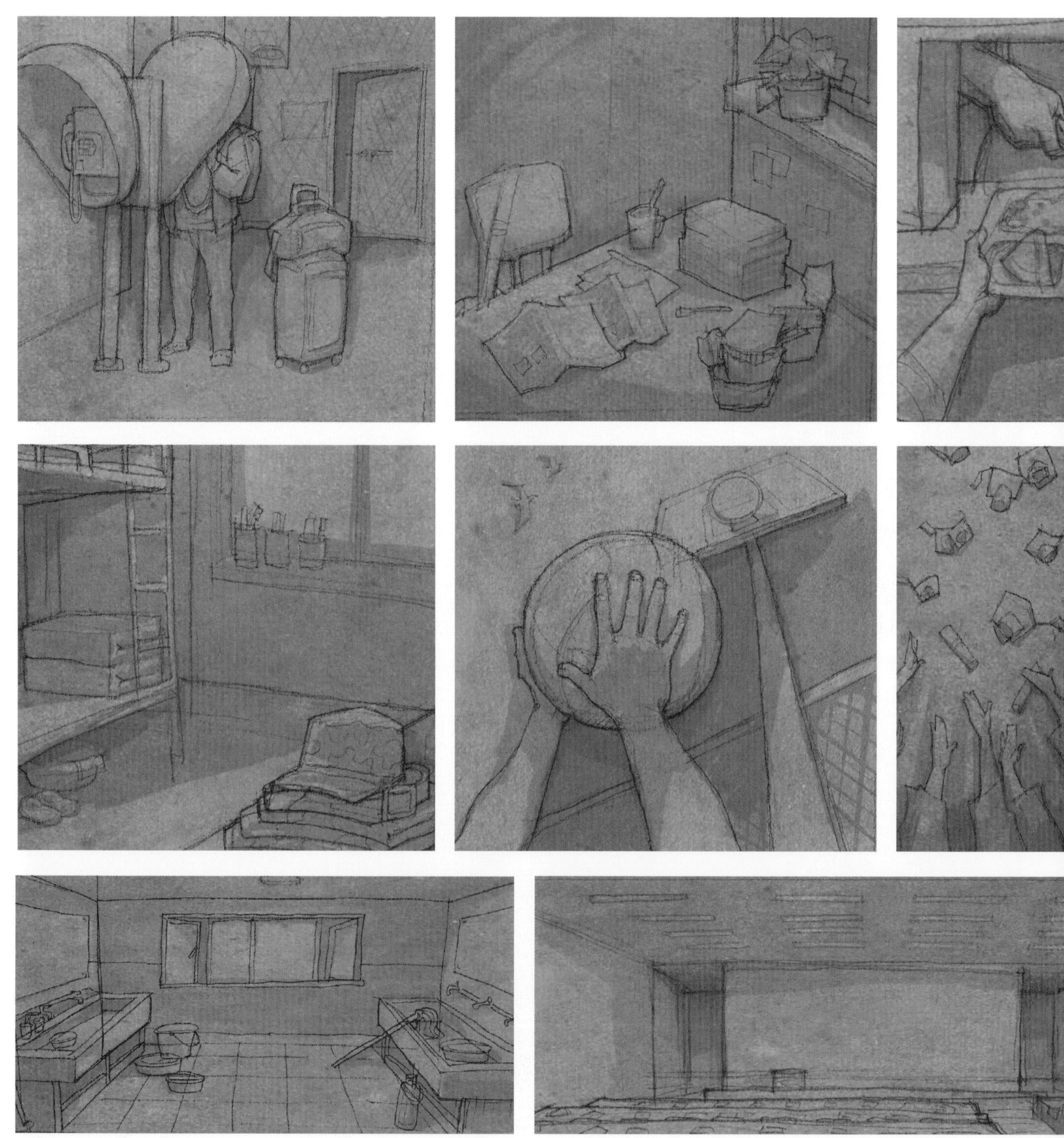

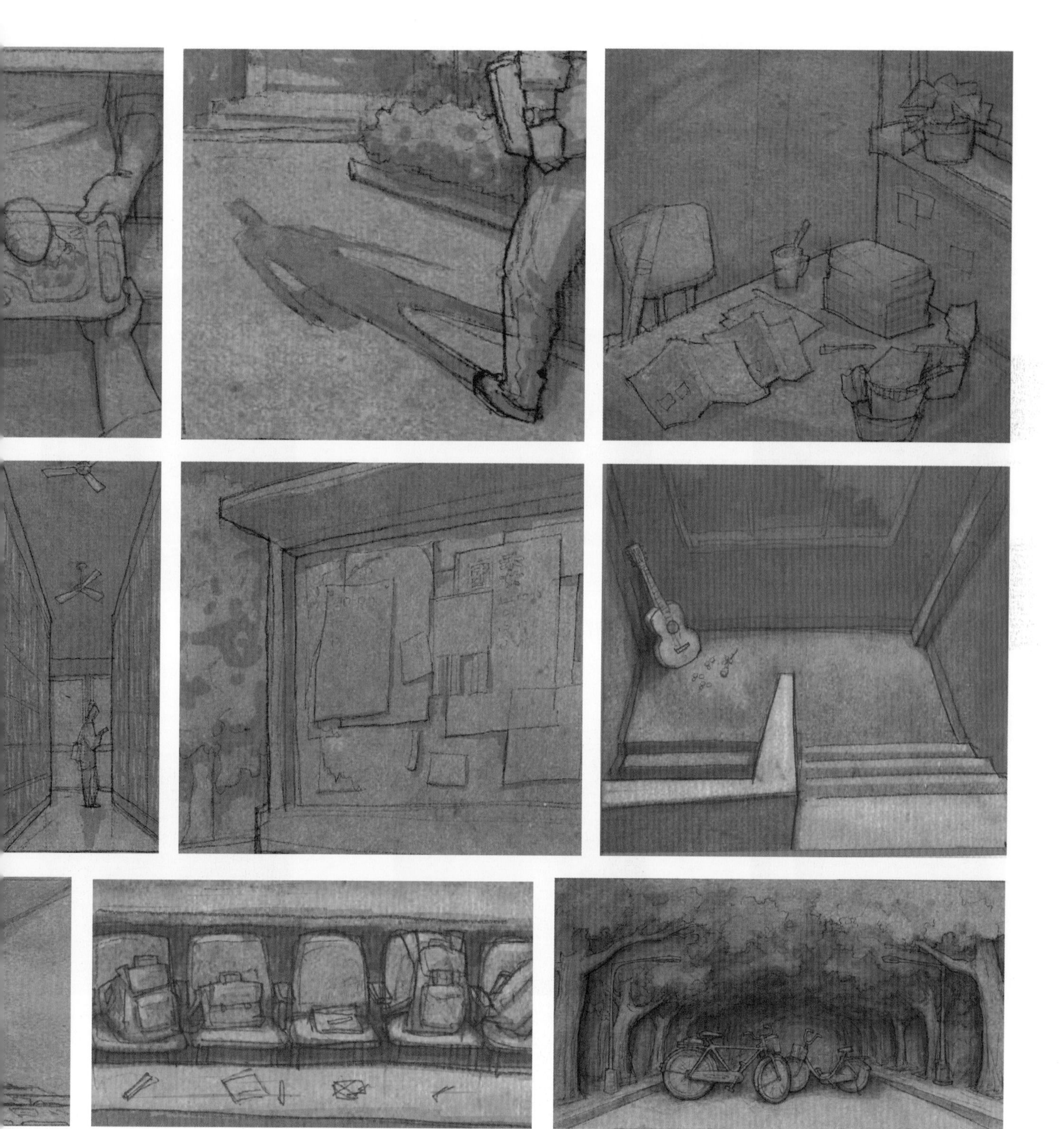

（六）制作工艺及流程

设计草图

泥稿制作

翻模

铸铜件修整

铸铜完成

最终完成

（七）制作工作记录

（八）设计成果展示

规格 :20mx3m　工艺 : 铸造、金属切割

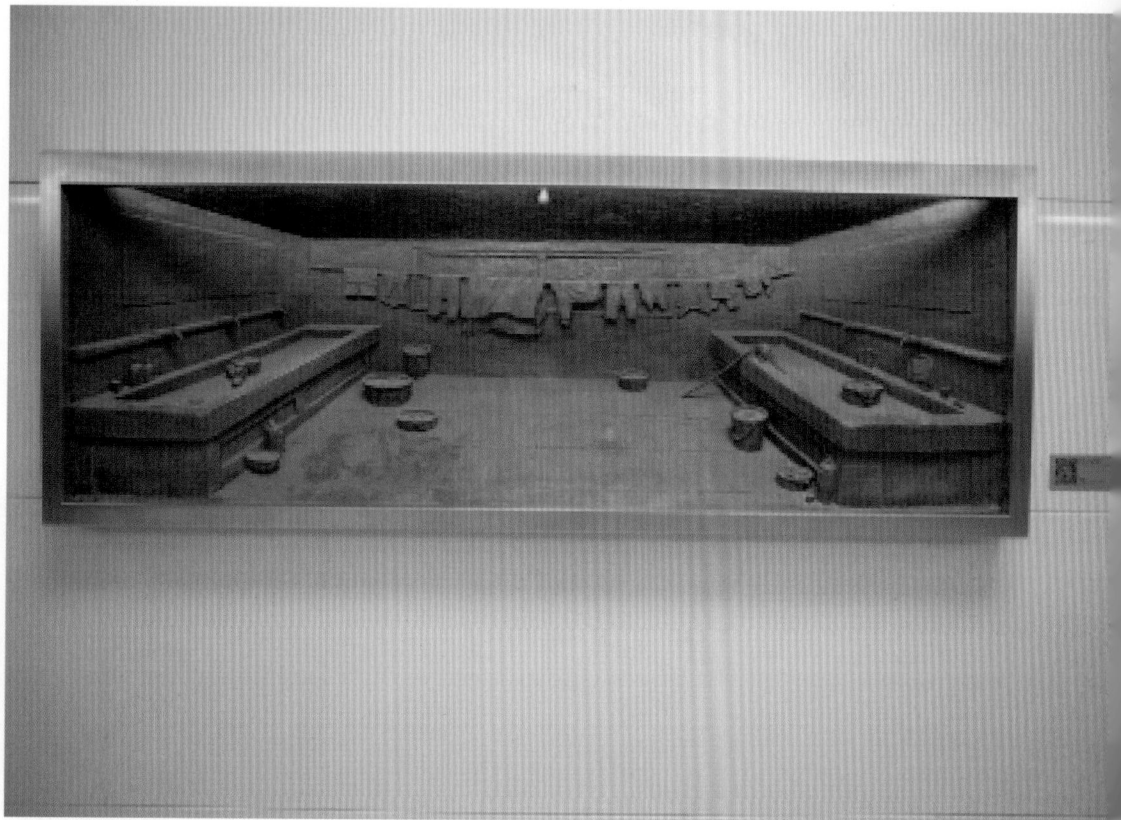

创作者与地铁业主单位合影

安全出口
EXIT

清华东路西口
QINGHUADONGLUXIKOU
终点站
Terminal

（九）参与人员

作　　者　武定宇、魏鑫

创作团队　李瑞锋、宿辰、陈钢、王浩臣等

业主单位　北京城市快轨建设管理有限公司

建设单位　北京央美城市公共艺术院

监管单位　北京城市雕塑建设管理办公室

支持单位　中央美术学院中国公共艺术研究中心

中央美术学院轨道交通站点空间设计研究中心

北京联合大学艺术学院

（十）创作感受

清华东路西口站的创作并非一帆风顺，前后经过几次反复。先是说服了建设单位放弃表现中国教育科技成果的要求，改为表现站点周边 5 千米范围内 8 所高校校园风貌和学校成就的内容题材。但是在实地的调研过程中，我们遇到了各高校态度不一、某些专业院校成就无法视觉化表现、素材资源分配不均等问题。此时表现什么题材成为创作的一大问题。在调研的过程中我们发现高校的“学子”是我们谈论的“共同体”，校际区别得到弱化，一些眼前的问题迎刃而解。但是业主单位还是比较坚持原来意见，多轮沟通也没有达成一致，设计进入到了僵持阶段。终于在一次业主单位组织的专家讨论会上，在各位专家的极力推荐下，创作方向得到了根本性的转变，表现学子生活的想法得到肯定，并被升华锁定在了“学子记忆”题材上。

《学子记忆》在创作上注重了公共艺术在公共空间场所的精神表达，它强调作品的“在地性”。在内容上牢牢把握“记忆”这个概念，选择一些能够唤起学子共鸣的生活场景，比如响着车铃声的林荫路、教室里朗朗的读书声、球场上挥汗如雨的身影、电话那头的乡愁与牵挂、书桌上堆积的书本和青春懵懂的爱情等等。在题材的选择上，我们强调将个人记忆融入到集体记忆之中，寻找一种没有时间限定的共鸣，承载记忆的“共通体”。为了强化这种“记忆”，作品还建立一个公众互动的平台，通过二维码的扫描就可以参与到平台互动，回复简单的数字，那曾经的“对话”、熟悉的“声音”就会通过手机再次在你耳边响起。

我想，当你站立在《学子记忆》面前，无论你是 60 后、70 后还是 80 后，你都能会心地一笑，想起那曾经的十年寒窗和当年对象牙塔的憧憬，作品的意义也就达到了……

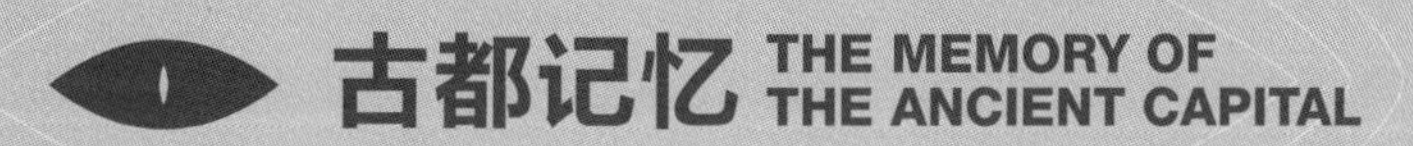
古都记忆 THE MEMORY OF THE ANCIENT CAPITAL
北京地铁 8 号线 安德里北街站 站厅层公共艺术设计

安德里北街

（一）基础资料研究

安德里北街站临近西黄寺，西黄寺与东黄寺并称两黄寺，位于北京旧城外正北方向，始建于清顺治年间。东黄寺原名普静禅林，是清帝专门为接待达赖五世来京朝觐时所准备的“驻锡之所”。后兴建西黄寺，西藏宗教领袖来京多在此居住、讲经布道。因此，我们选择东、西两黄寺作为我们对安德里北街站研究的起始点。

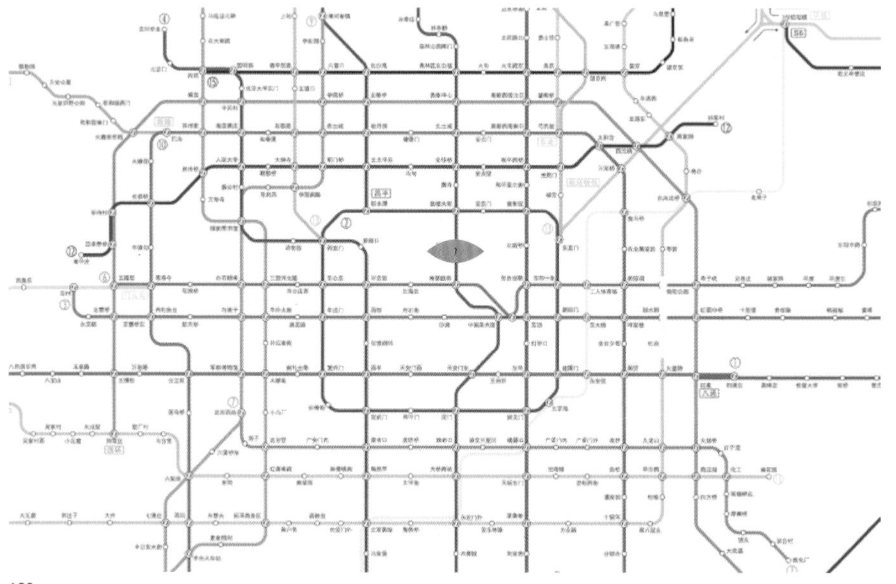

安德里北街站（原定名称为黄寺站）是北京地铁 8 号线的一座车站，位于北京市东城区鼓楼外大街和安德里北街交会处。由于出入口施工进度原因，该车站未随 2012 年底二期南段的其他车站一同投入运营 。

站台层候车区两侧各有一面 20 米宽、3 米高的完整墙面，适合设置艺术品。

同时在候车期间，乘客将有充裕的时间欣赏艺术作品。

东、西黄寺不仅是汉藏文化交流的重要见证，也是建筑艺术的瑰宝。民间有这样的说法“东黄寺的殿，西黄寺的塔”，遗憾的是有着重要地位和价值的东黄寺毁于十年浩劫，且存世资料寥寥无几。

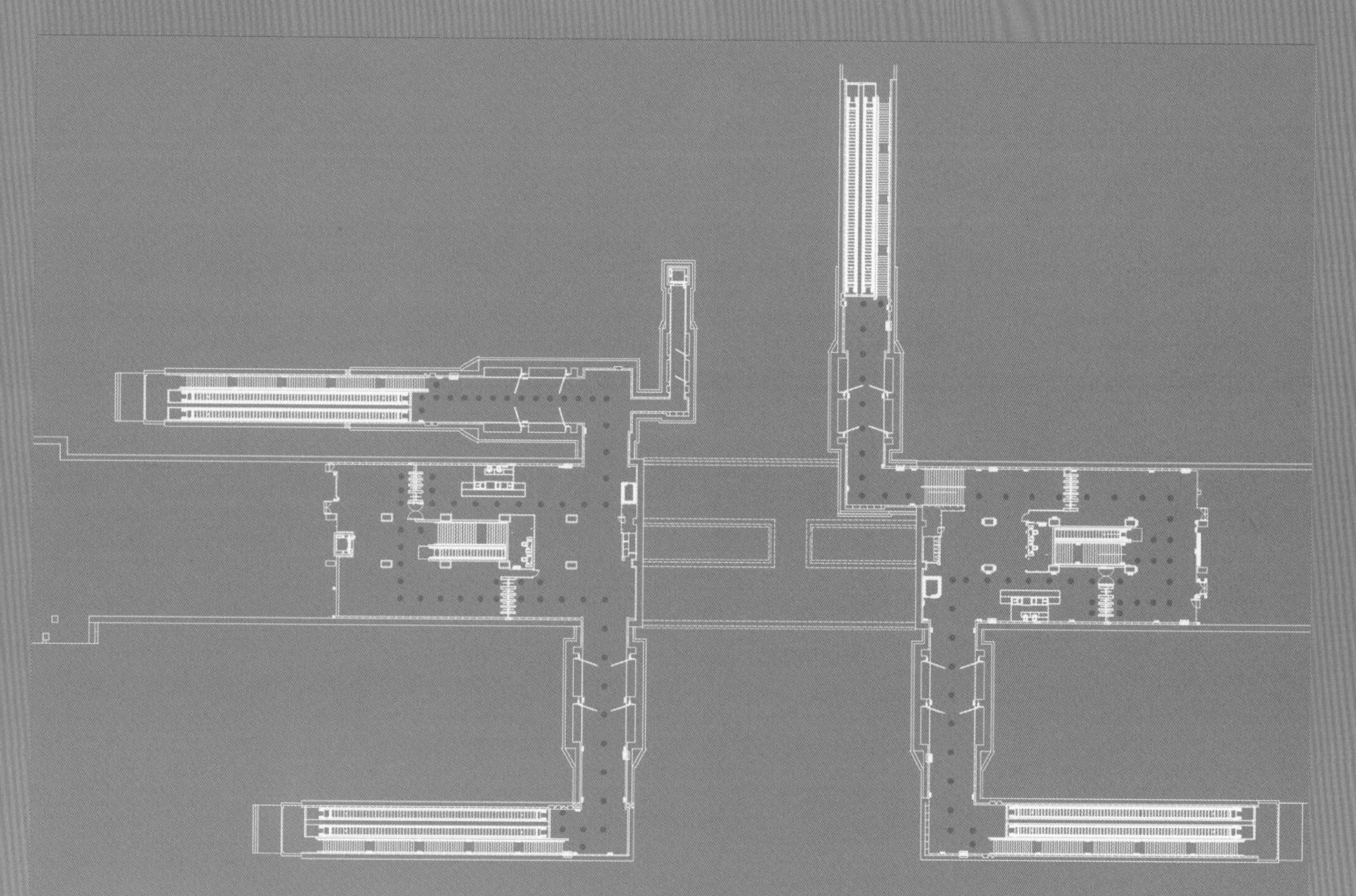

（三）作品创意解读

第一轮设计方案

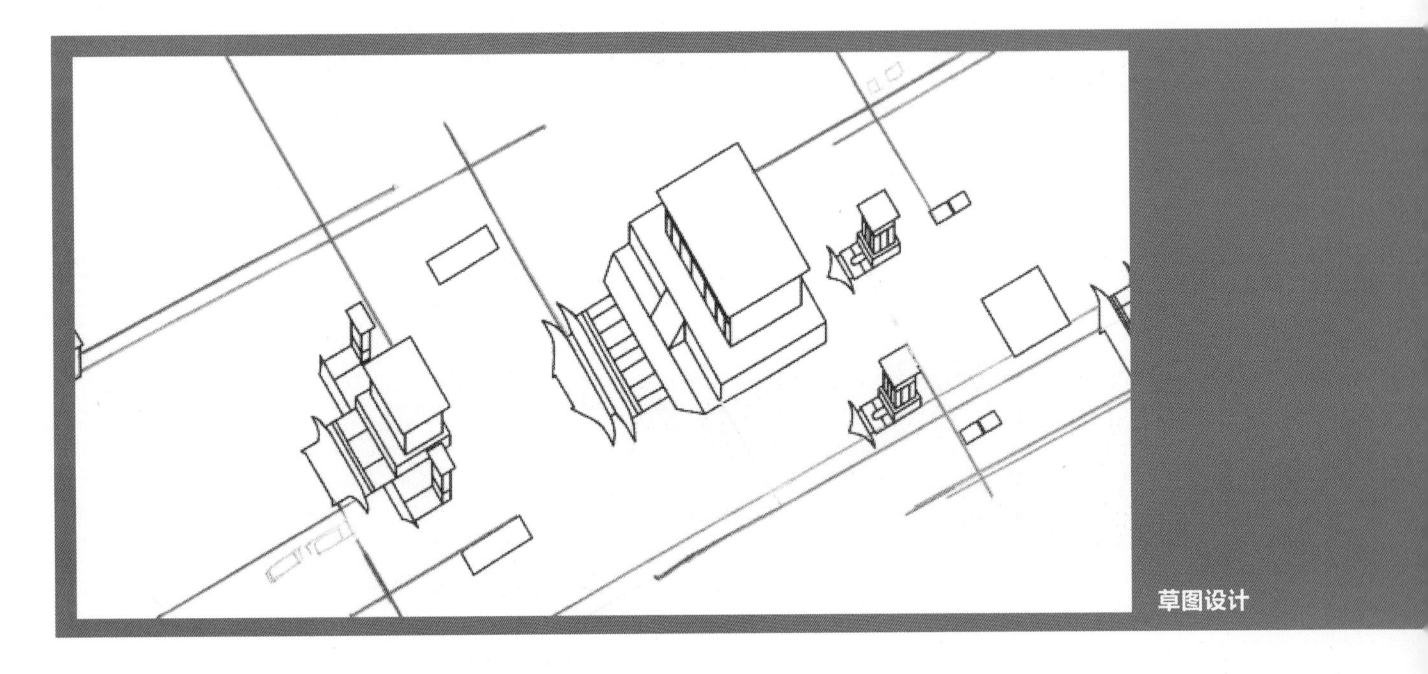

草图设计

安德里北街站的主题为依托现存并修缮的西黄寺去追忆和找寻已经逝去的东黄寺。提取黄寺极为著名的黄色琉璃瓦屋顶为主要元素进行演绎。

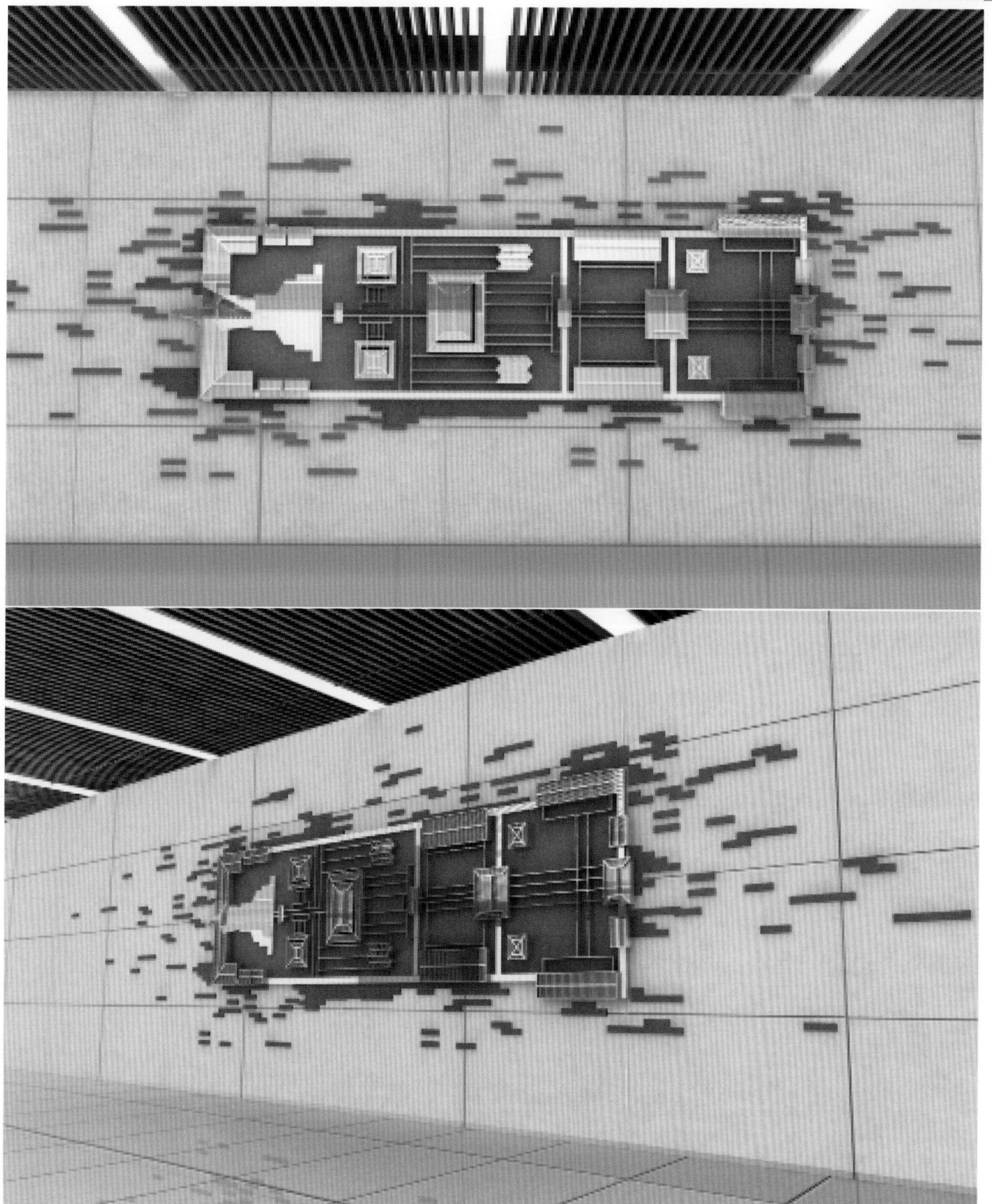

第二轮设计方案

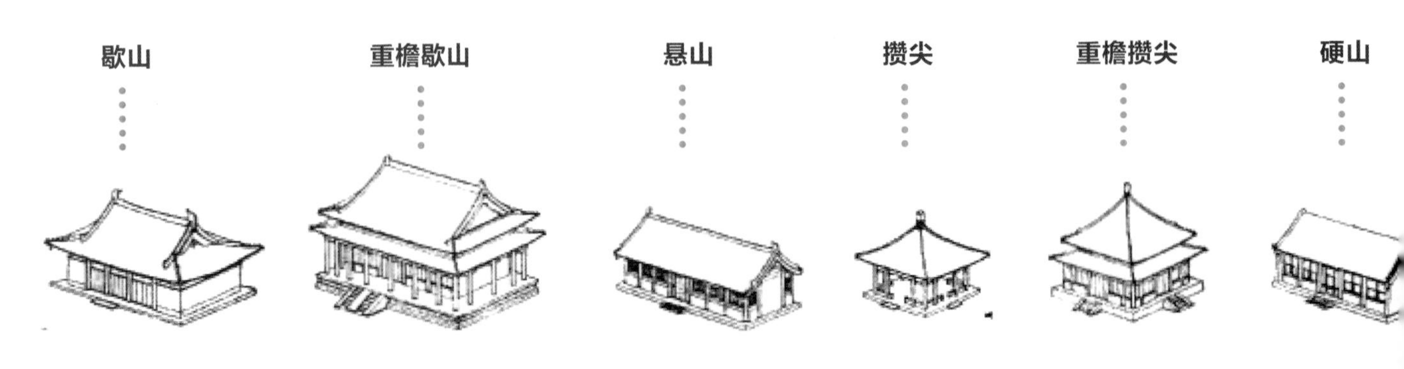

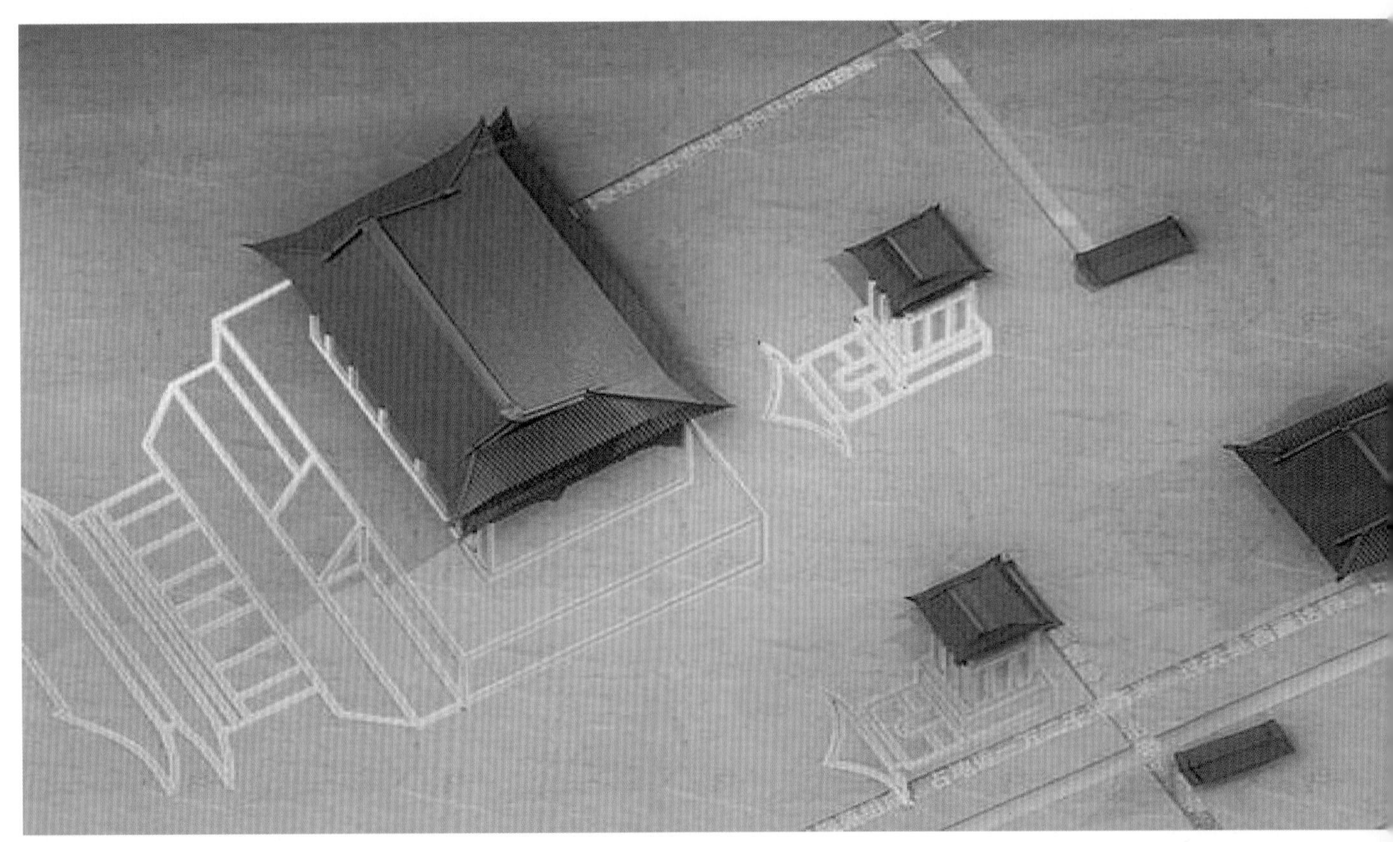

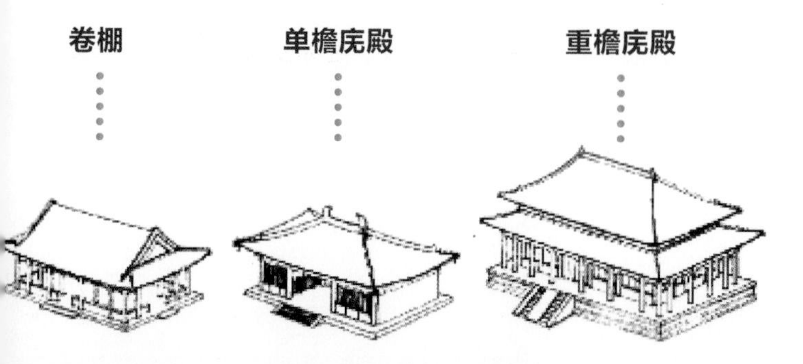

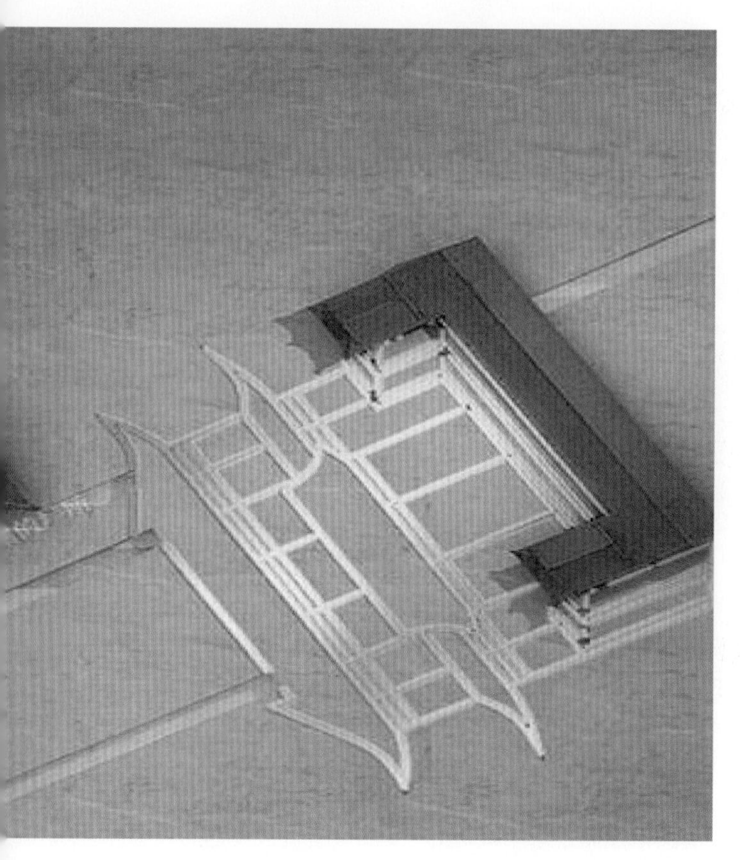

经过研究考证我们发现，两黄寺所使用的中国古代建筑屋顶形制竟有趣地十分全面，包含了几乎所有常见和高规制的屋顶。

因此，我们选择金黄色的屋顶作为安德里北街站的主要视觉元素进行演绎，用艺术的手段使艺术品与公共设施相结合，达到空间中的展示效果。

（四）制作工艺及流程

由于古建筑结构相当复杂，如何将建筑物的细节表现出来，工艺还要相当精致，这是一个难题。铸造的方式很难达到制作要求，最终采用了金属锻造，由于锻造也存在一些局限，在特殊的屋檐等位置很难工整地制作出来，最终采用了金属锻造与机械车工相配合的方式实现。

（五）制作工作记录

加工工艺

艺术墙底板采用与周边石材相同的米黄色，石材表面采用水刀切割结合手工磨平的工艺将作品的基本负形雕刻于背板中，表面进行防腐处理。外部悬挂的建筑物采用铜板手工锻造与机械车工相互结合，铜的表面还原铜本色并进行了防氧化处理。

石板与铜建筑的衔接也是一个难题，需要石材与金属加工的密切配合，在安装之前多次在厂家点位校准，在金属的内结构处理中，特制了金属内部结构骨架隐藏在石板干挂背后，金属板并预埋正背面双向螺栓确保作品悬挑的安全性。

（六）设计成果展示

开往鼓楼大街

该作品未实施

规格：7.35mx3.45m 工艺：金属锻造 石材切槽

（七）参与人员

作　　者　王中、武定宇

创作团队　宿辰、毛庆虎等

业主单位　北京市轨道交通建设管理有限公司

建设单位　北京央美城市公共艺术院

监管单位　北京城市雕塑建设管理办公室

支持单位　中央美术学院中国公共艺术研究中心

中央美术学院轨道交通站点空间设计研究中心

北京联合大学艺术学院

（八）创作感受

安德里北街站最早定名为黄寺站，因其临近千年古刹东、西两黄寺而得名。从“地上地下互相映射”的理念出发，创作是从地缘文化资源和文献的调查考证开始的。“东”、“西”黄寺的故事不出意料地很快成为我们创作的首选题材。两黄寺在过去 200 年的时间中如何被历史大潮所冲刷，生发出多少故事，留下了怎样的印记，都成为我们创作中最为激动人心的部分。如何来讲述这段“黄寺记忆”，把我们所发现的表达出来，成为创作思考的重点。根据东、西黄寺特有的历史，我们希望能够在创作中重塑已经消失的东黄寺，并与现存的西黄寺形成文脉上的 呼应。

民间相传，东、西黄寺得名于“金黄色”琉璃瓦屋顶，而金黄色屋顶也恰好成为了其最佳的视觉形象代表。同时在考证中我们发现，两黄寺所使用的中国古代建筑屋顶形制竟然十分地全面，它几乎包含了所有常见和高规制的屋顶……

最终作品在表现两黄寺建筑形成对应，创造一种类似投影的视错觉效果，在损毁的东黄寺和现存的西黄寺之间建立一种对话。墙面的沟槽内镶嵌着关于东西黄寺历史的文字。较为可惜的是，原设计中利用上下联通的柱子将站厅层和站台层贯通起来，并结合艺术设施进行空间营造的方案没能得到业主支持，方案未能实现。

总之，《古都记忆》是通过平面与立体的对话，既凸显了两黄寺在建筑和视觉形象上的突出特点，也通过这一表现形式，演绎历史流转中两黄寺的命运沉浮，讲述区域文化故事的同时，支撑和重塑了地缘的文脉与气质。

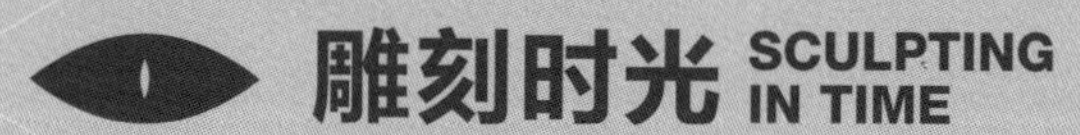

北京地铁 8 号线 鼓楼大街站 站厅层公共艺术设计

鼓楼大街

（一）基础资料研究

鼓楼大街站在艺术品的设计上着重考虑利用古代计时方式及士族府院文化作为元素进行演绎，深入挖掘鼓楼大街站周边地区文化内涵，打造北京传统文化的新名片。

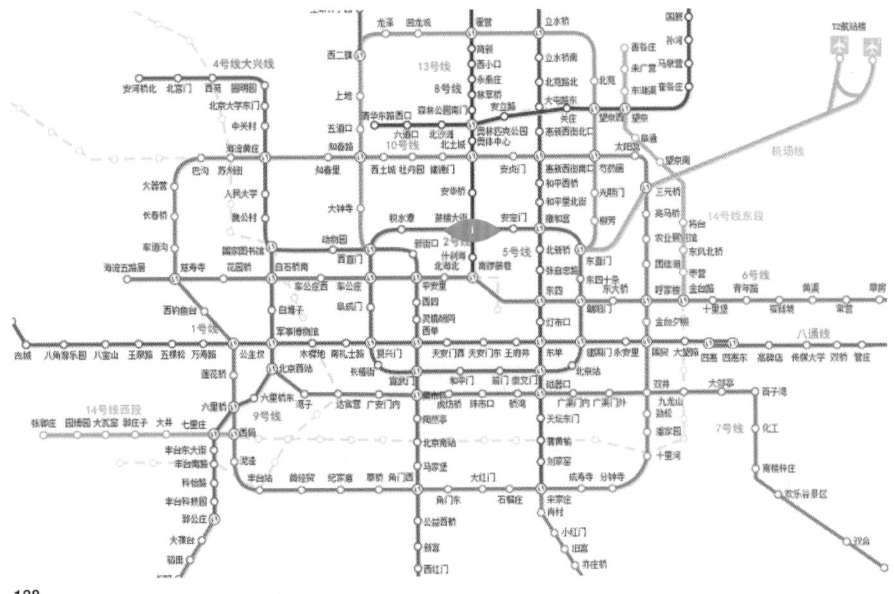

鼓楼位于北京城中轴线北端，与钟楼相呼应，按明清报时的规制，逐渐形成了晨钟暮鼓的说法。因而，鼓楼作为古代的重要报时工具与时间有着紧密的联系。同时，从清代开始达官贵人在鼓楼附近聚居，形成了鼓楼附近地区较为典型的“府院文化”。

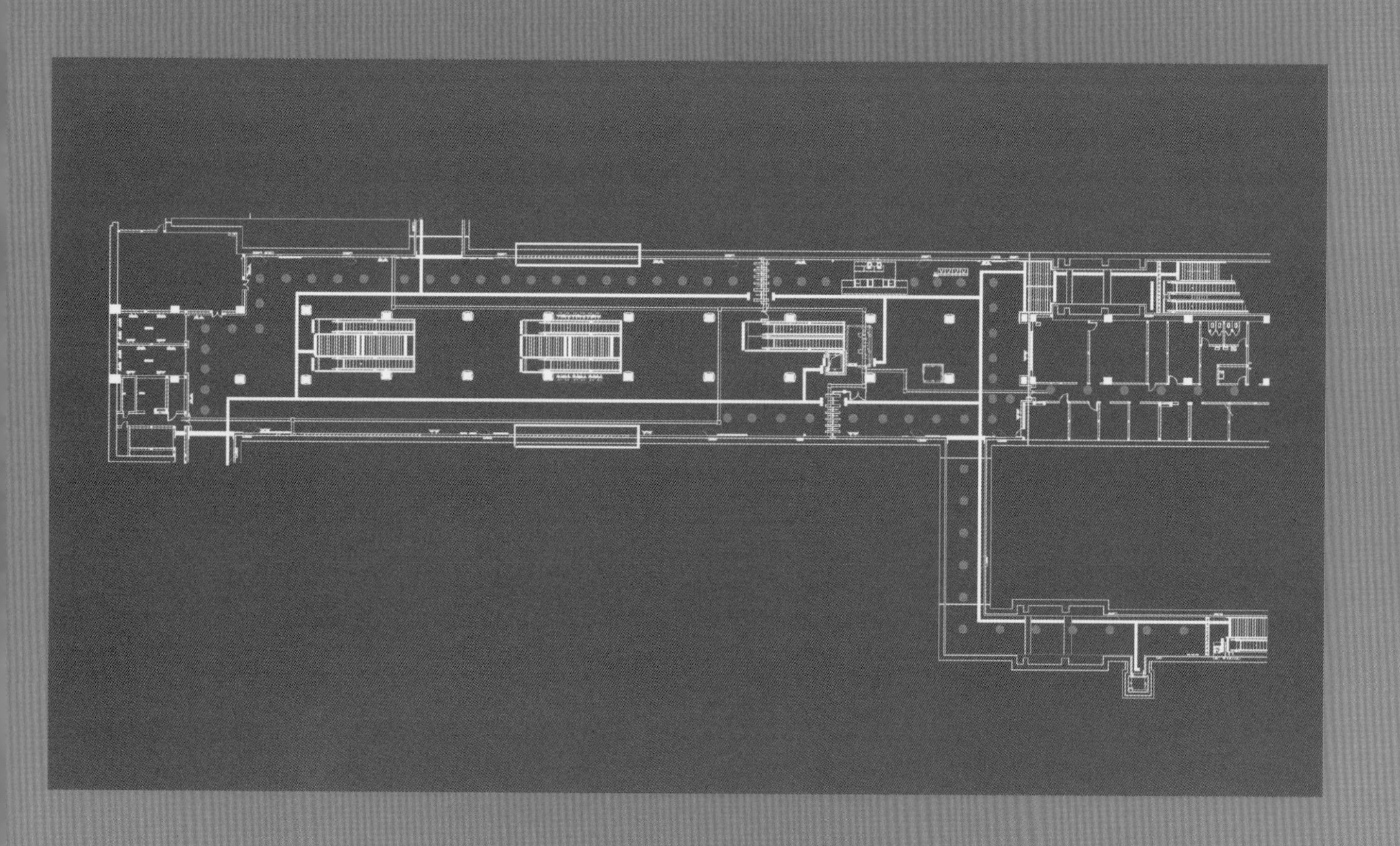

（三）作品创意解读

第一轮设计方案

作品创作原型：从传统民居中和北京鼓楼的府院文化里提取出传统的生活元素。

草图阶段

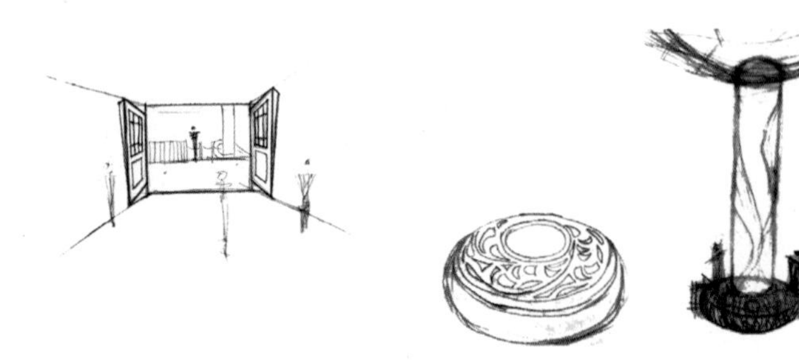

通过空间中墙体的转折制造出打开的门的形象。作品用平面视错觉与立体浮雕，暗示进入地铁站厅等同进入府院的宅邸。

作品图阶段

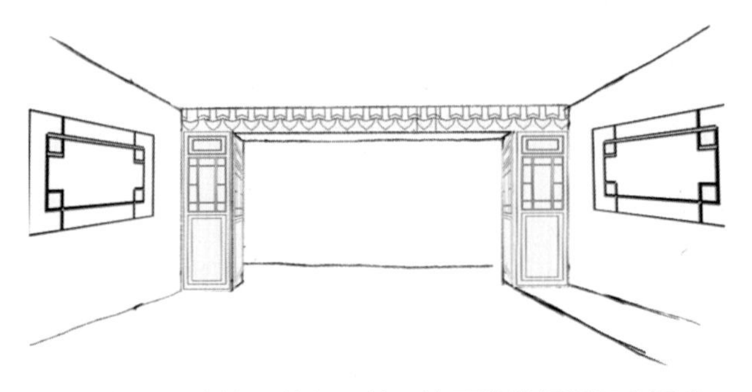

作品设置在与二号线换乘的入口处，墙面镶嵌铜质门窗图案，利用视错觉营造出进入宅院的感受。预示着对府院文化体验的开始。

草图阶段与创作原型

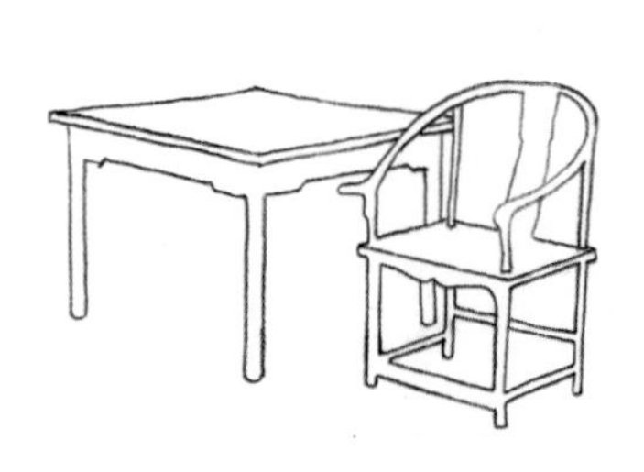

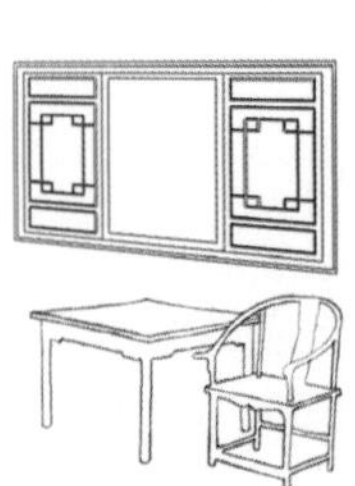

作品草图阶段

作品用平面视错觉与立体浮雕，演绎了中国明清家庭室内一景，简洁的艺术符号却似乎讲述着一个悠远恬静的茗茶故事。

完成效果图阶段

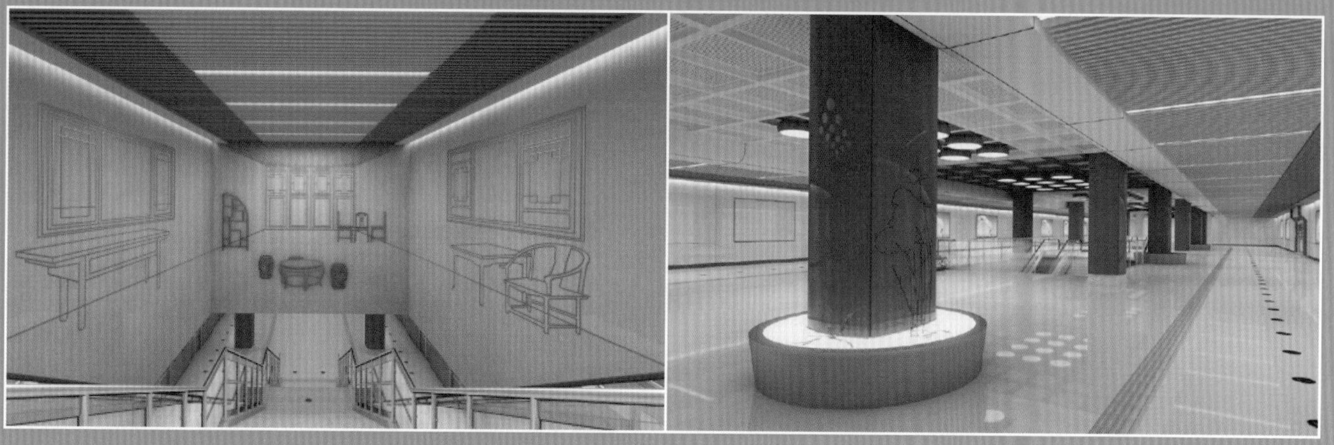

第二轮设计方案（实施）

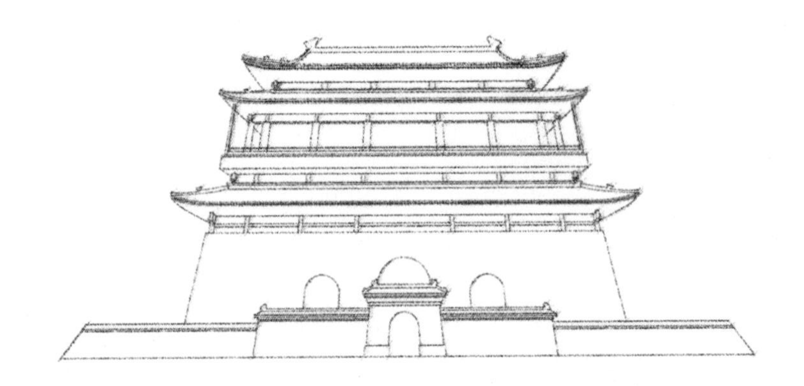

从“鼓楼”中提取原型，勾勒“提取线稿”

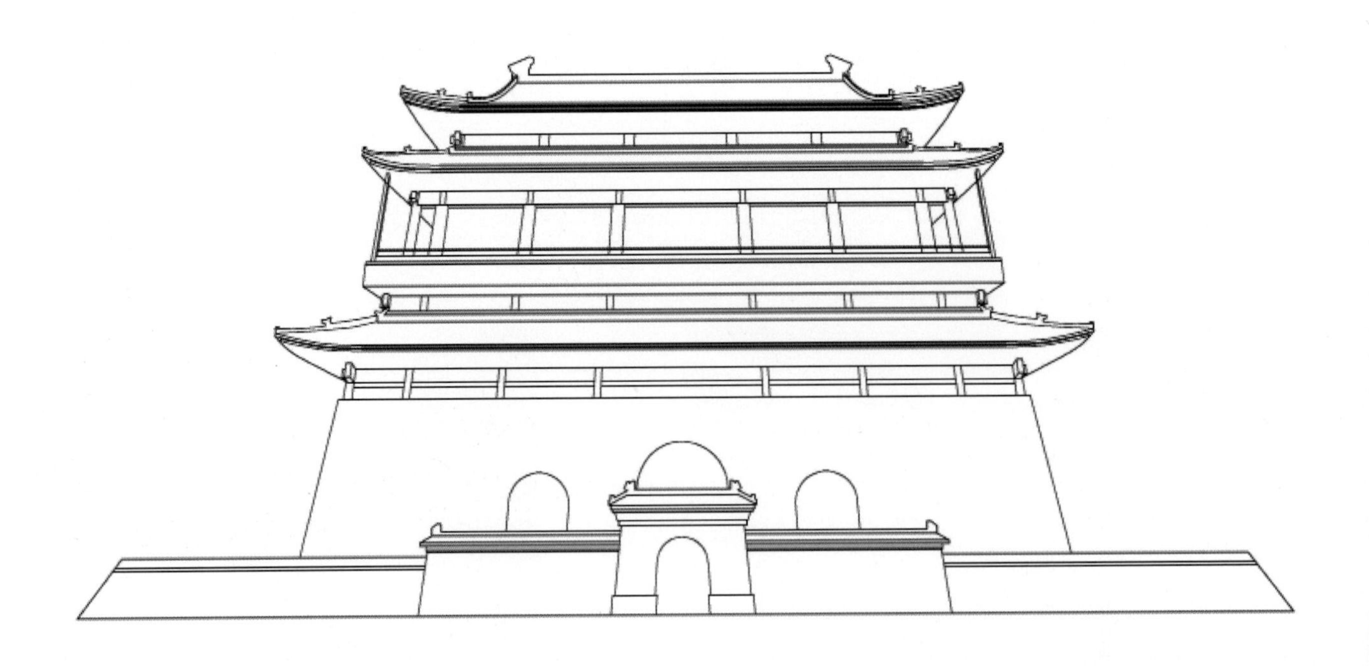

为了追求作品的纯粹性，创作是以围绕鼓楼的原型进行创作的。在创作的语言形式上打破传统浮雕壁画的语言形式，利用平面图形与空间进深的变化关系，将图形在空间中叠加，利用空间的视错觉创作一种新的视觉体验。在画面的构图上结合作品所在的“L”形空间场域的特点，将“U”形的墙体与画面整合为一个有着较强透视感的立体空间，使得人们在快速通过空间时能迅速感受到作品的存在，留下较为深刻的印象。

（四）制作工艺及流程

创作之初设计者进行 1：6 手工模型的推敲

加工过程

讨论铜板表面颜色的处理办法

重点环节介绍

艺术墙底板采用与周边石材相同的米黄色，石材表面采用水刀切割结合手工磨平的工艺将作品的基本负形雕刻于背板中，石材表面进行防腐处理。外部悬挑部分采用铜板激光切割的方式并采用螺栓的连接方式将多层铜板连接，铜的表面还原铜本色并进行了防氧化处理。

其中石材与铜板的衔接是该艺术墙最为困难的一个环节，需要石材与金属加工的密切配合，相互之间的误差不得大于 2 毫米，在安装之前多次在厂家点位校准，在金属的内结构处理中，特制了金属内部结构骨架隐藏在石板干挂背后，金属板并预埋正背面双向螺栓确保作品悬挑的安全性。为了保证作品的精细及美观程度，金属部分所用的螺杆及螺母均为不锈钢定制，并做了镀钛处理。在作品的安装时需石材加工部分与金属部分交替进行，校准点位避免误差，大大增强了作品安装的难度。

（五）设计成果展示

规格 :5.4mX5.9m 工艺 : 金属雕刻

（六）参与人员

作　　者　武定宇、王中

创作团队　宿辰、毛庆虎等

业主单位　北京市轨道交通建设管理有限公司

建设单位　北京央美城市公共艺术院

监管单位　北京城市雕塑建设管理办公室

支持单位　中央美术学院中国公共艺术研究中心

中央美术学院轨道交通站点空间设计研究中心

北京联合大学艺术学院

（七）创作感受

鼓楼大街站，地处老北京中轴线的北端点，其城市地位和人文地位都是至关重要的。针对一个 L 形的下沉通过的空间，起初也不知道做什么，该怎么做。但直觉告诉我，这种空间的创作会比墙面存在更多的可能性。这个区域处于三面空间的围合，比单纯的平面空间有了更强的空间纵深感；这个区域处在一个通过性空间，人在行动过程中观看艺术品的方式相对固定，且会发生视线的变化；并且作品设置的位置是人们无法触碰到的区域，这一系列条件都为创作提供了更多的可能。起初的主题定位是表现鼓楼清初的府院文化，采用的是周边的士族府院文化作为元素，把艺术品与空间和艺术化设施进行整体考虑。但是，后因业主和监管部门提出不仅要考虑 L 形眉头墙，还要立足“鼓楼”的原型来进行创作的要求，后期设计才转移到以“鼓楼”为原型进行创作尝试。

直接利用“鼓楼”来进行创作，的确这样的方式让主题更加纯粹了。但单纯表现“鼓楼”未免会显得过于简单，在语言上也很难寻求变化，在创作上也难以突破传统浮雕、壁画的思考模式。如何跨过这个瓶颈，让作品有一些突破，并让其与特有的空间环境发生关系？这一直是我在思考的重点。

但是确立的方案又在实施中遇到了难题。整个面墙有近百个点位需要石板、铜板和钢结构之间进行衔接，三个部分又需要分体进行加工，这对加工的精细程度提出了极高的要求。经过测算，如果这三个平面的洞口误差超出了 2 毫米，作品将无法实现安装。同时作品是悬挑在墙壁之外，乘客就行走在作品之下，这就要求在满足精密制作工作的同时又要对悬挑构件的牢固度和作品的安全性做更进一步的思考。大家都知道地铁的空间可以说是每天都经历着数百次的“地震”，每一次车辆的进出就是对作品结构的一次考验。所以在结构的处理上，我们做了多次的插拔、震动、探伤试验。比如在连接点的处理上，我们没有简单地用焊接的方式，而是采用将连接构件焊接在节点的左右两侧夹住连接平面，通过几百个连接点的互相角力实现平面的稳定。这样就不会出现因连接点过小而出现的焊点断裂，同时也能为误差争取一点点空间……现在回头想想，当初大家在讨论施工方法的过程中并没有少花时间。一个看似简单的墙面背后隐藏了太多，从最初的不可能，经过了怀疑、争执、试验、调整和确立的繁复过程。在整个创作的过程中，我明显地感受到一种责任感和一个团队的协作力量，正是这种力量推动着创作的前行，让这个作品得以如期完美的呈现。

孙子兵法 SUN ZI WARCRAFT

北京地铁 9 号线 军事博物馆站 站厅层公共艺术设计

军事博物馆

（一）基础资料研究

中国人民革命军事博物馆是中国唯一的大型综合性军事历史博物馆，占地面积 8 万多平方米，建筑面积 6 万多平方米，陈列面积 4 万多平方米。主楼高 94.7 米，中央 7 层，两侧 4 层。截至 2012 年末，全馆有 22 个陈列厅、2 个陈列广场。军博收藏 34 万多件文物和藏品。其中国家一级文物1793 件，大型武器装备 250 余件，艺术品1600 余件，对外军事交往中受赠礼品 2551 件。其中有铜鎏金弩机、“镇远”舰铁锚、叶挺指挥刀、三八式步枪和解放军第一辆坦克等具重大历史价值的文物。

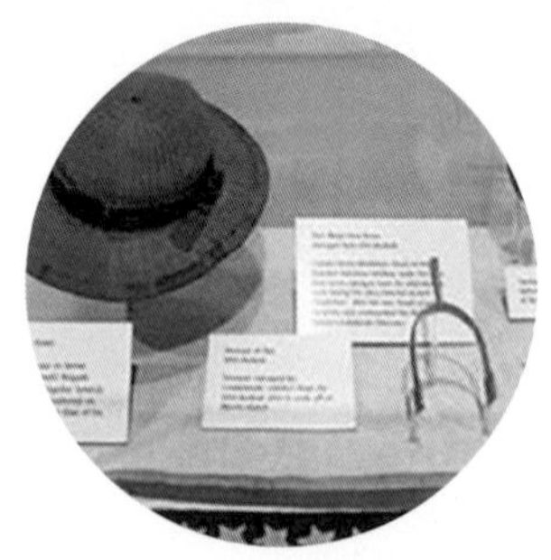

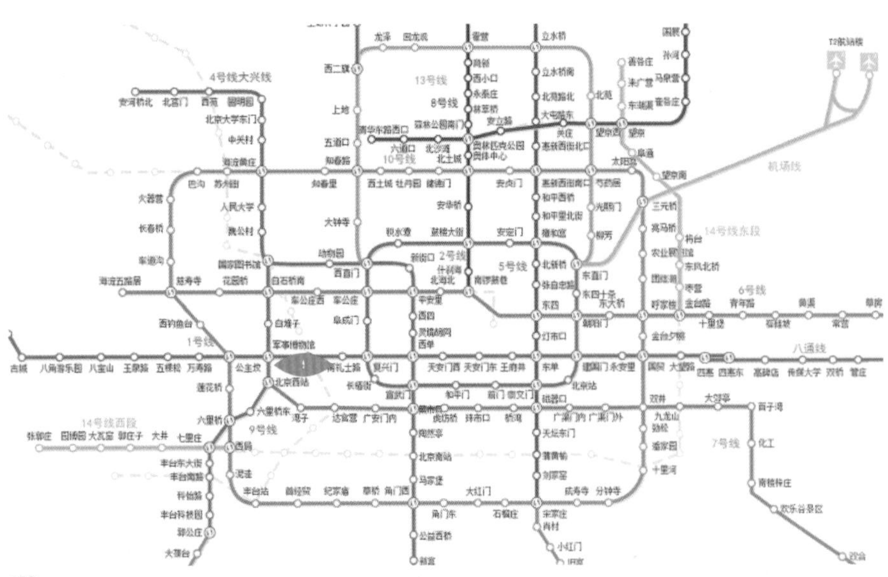

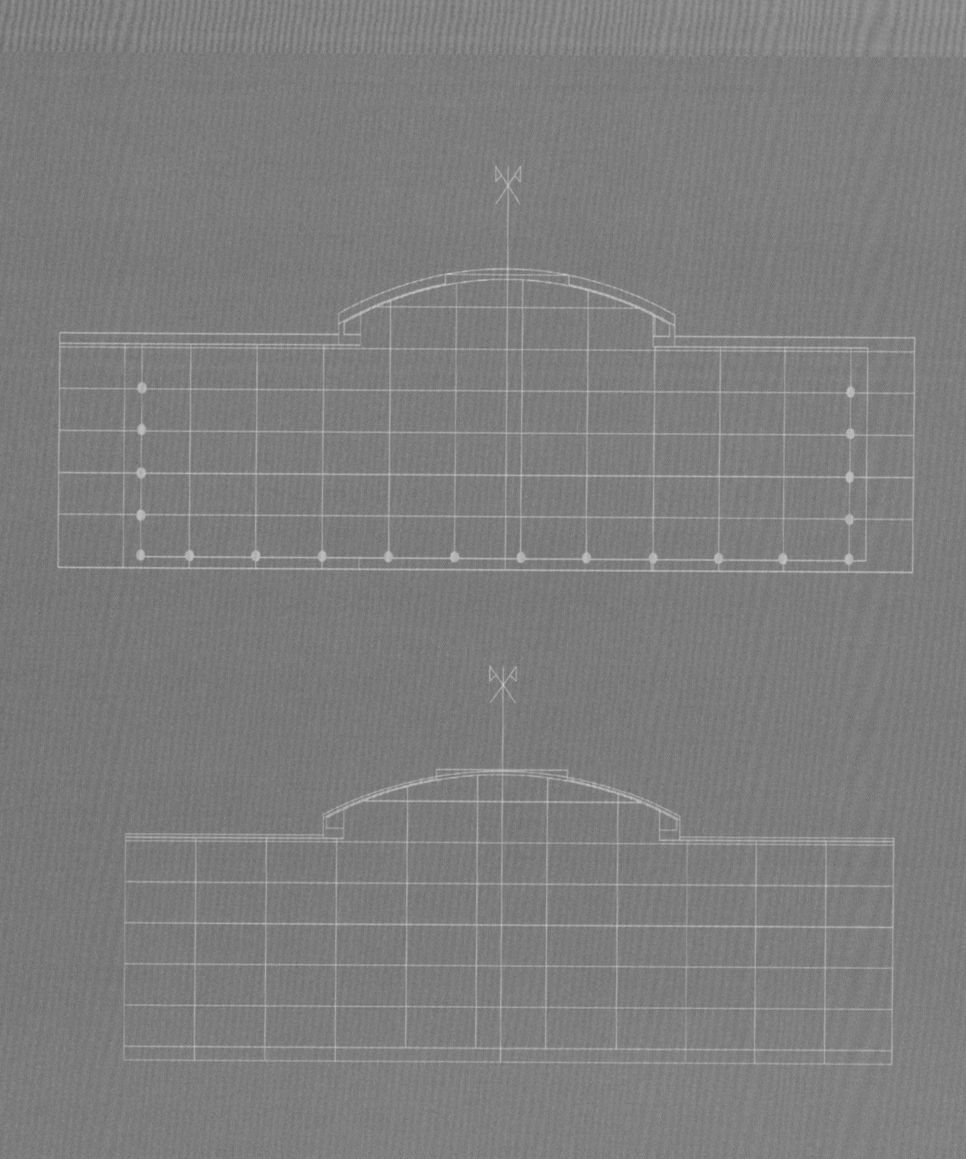

（三）作品创意解读

设计灵感

作品将代表中国古典军事智慧与传统文化的《孙子兵法》精髓进行提炼，通过艺术化文字的处理，将文字嵌于墙体，形成丰富的空间变化。

【军争第七】

军　**军争之难者，以迂为直，以患为利。**

先知迂直之计者胜，此军争之法也。

【用间第十三】

知　故明君贤将所以动而胜人，成功出于众者，先知也。

智　**故明君贤将，能以上智为间者，必成大功**

【行军第九】

行　上雨水流至，欲涉者，待其定也。

吾远之，敌近之；吾迎之，敌背之。

谋　**无约而请和者，谋也**

诱　半进半退者，诱也

【军争第七】

治　**治待乱，以静待哗，此治心者也。**

【九地第十一】

善　**古之善用兵者，能使敌人前后不相及**

故善用兵者，携手若使一人，不得已也。

将　将军之事，静以幽，正以治。

凡为客之道，深则专，浅则散。

是故不知诸侯之谋者，不能预交

故为兵之事，在顺详敌之意

军　争之難者　以迂爲直　以患爲利

智　能以上　爲間者　必　成　大功

令之以文　齊之以武

謀　無約而請和者　也

治　待亂　以靜待嘩　以治心者也

夫地形者　兵之助也

古之　善　用兵者　能使敵人前后不相及

【兵势第五】

战 **凡战者，以正合，以奇胜。**

势 势如扩弩，节如发机

【始计第一】

兵者，国之大事，死生之地，存亡之道，不可不察也。

兵者，诡道也。

【作战第二】

杀 故杀敌者，怒也

胜 胜敌而益强 故兵贵胜，不贵久。

将 **故知兵之将，民之司命。**

用兵 故不尽知用兵之害者，则不能尽知用兵之利也。

【军形第四】

胜 **胜可知，而不可为。**

不可胜者，守也；可胜者，攻也。

是故胜兵先胜而后求战，败兵先战而后求胜。

故善战者，立于不败之地，而不失敌之败也。

【谋攻第三】

善 不战而屈人之兵，善之善者也。

敌 故小敌之坚，大敌之擒也。

将 夫将者，国之辅也。

知 **知彼知己，百战不殆。**

【始计第一】

势 **势者，因利而制权也。**

算 多算胜，少算不胜，而况于无算乎！

凡戰者 以正合 以奇勝

兵者 詭道也

知兵之將 民之司命

勝可知 而不可爲

知彼知己 百戰不殆

勢者 因利而制權也

（四）制作过程

加工过程

军博站最终表面喷砂处理

工厂加工现场

钢架结构安装现场

现场施工

设计人员现场测量

设计人员现场和施工人员确认现场钢架结构体的准确性

军博站的施工工人在连夜加班

全部的石材都是工人从地上一块一块的抬到站厅层

（五）设计成果展示

规格 :13.2mx3.25m　工艺 : 石材雕刻

古之
善
用兵者
能使敵人前后不相及
治
待亂
以靜待嘩
此治心者也
夫地形者
之
也

能以上智
爲間者
必
成
大功
以迂爲直
以患爲利
軍
令之以文
齊之以武

（六）参与人员

作　　者　王中、武定宇

创作团队　宿辰、延岩等

业主单位　北京市轨道交通建设管理有限公司

建设单位　北京央美城市公共艺术院

监管单位　北京城市雕塑建设管理办公室

支持单位　中央美术学院中国公共艺术研究中心

中央美术学院轨道交通站点空间设计研究中心

北京联合大学艺术学院

（七）创作感受

军博站的艺术墙可以算是 2013 年现场施工条件最差、最困难、最后完成安装的一站。先前一直因为装修抢工无法进场，后又因为装修墙面预留空间的误差导致钢结构无法安装，墙面迟迟达不到安装要求。通过多方的协调，墙面在达到安装要求之际，其他的装修工作已经步入尾声，现场也已移交给了运营部门进行管理，现场的施工存在着巨大困难。由于车站开通运行的时间已无法改变，安装的工作必须如期完成，无奈之下只好采取了 24 小时连续施工的方式。首先我们和加工单位协商添加了施工人员的数量，并分为两组倒班进行，做到人休息施工不停止，同时为了避免不必要的返工，设计人员和施工的负责人员都要留在现场，以便及时处理现场安装临时出现的问题。

军博的艺术墙全部是由石材组成，其中每一块单体的石材都有数百斤的重量。在安装的过程中，车站内的施工运输装置已经拆除，民用电梯又不能用于施工。如何把这些石头运下去，成为了当时首要的难题。我们没有找到更好的运输方式，只能通过人工的搬运。情急之下，我们与加工单位一起在现场给施工人员召开了动员会，向工人们讲述了我们面临的困难与无奈……真的要感谢这些工人们，他们一块块地把石头从路面抬到了地下。这么多的台阶，如此大的数量，所有人的肩膀都磨出了水泡，看着真是让人心疼。同时，安装现场的环境也是极其恶劣的。军博站的两面艺术墙都处在楼梯拐角的位置，右侧是一个还未处理的通风孔，现场施工的气温极低，且风量巨大。由于石材安装本身就是灰尘量大的工作，再加上风大、天气冷，整个安装区域的能见度只有几米，呼吸都有难度……

现在回想起这些过程，一切都还历历在目，感触颇深。但不管怎么说，困难最终还是被克服，《孙子兵法》南、北墙如期地呈献给了市民。

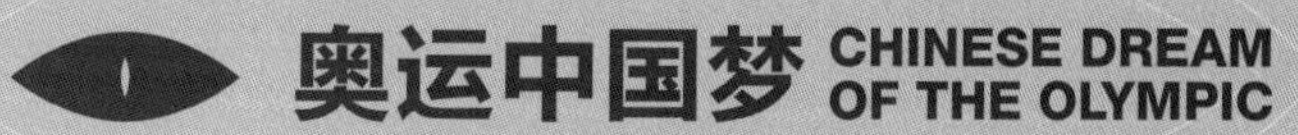

北京地铁 8 号线 奥林匹克公园站 站厅层公共艺术设计

奥林匹克公园

（一）基础资料研究

北京奥林匹克公园位于北京市朝阳区，地处北京城中轴线北端，北至清河南岸，南至北土城路，东至安立路和北辰东路，西至林萃路和北辰西路，总占地面积 11.59 平方千米，集中体现了“科技、绿色、人文”三大理念，是融合了办公、商业、酒店、文化、体育、会议、居住多种功能的新型城市区域。

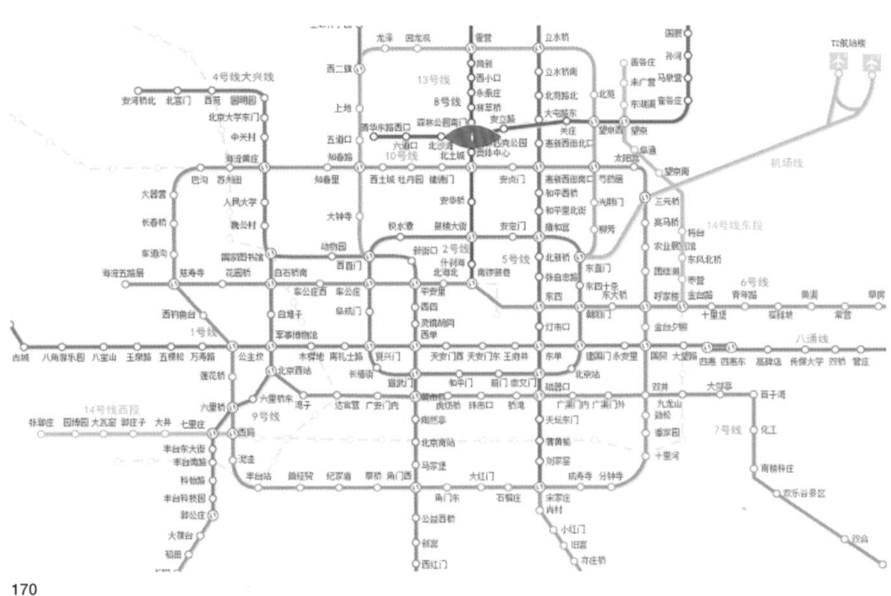

2008 年奥运会比赛期间，有鸟巢、水立方、国家体育馆、国家会议中心击剑馆、奥体中心体育场、奥体中心体育馆、英东游泳馆、奥林匹克公园射箭场、奥林匹克公园网球场、奥林匹克公园曲棍球场等 10 个奥运会竞赛场馆。此外，还包括奥运主新闻中心（MPC）、国际广播中心（IBC）、奥林匹克接待中心、奥运村（残奥村）等在内的 7 个非竞赛场馆，是包含体育赛事、会展中心、科教文化、休闲购物等多种功能在内的综合性市民公共活动中心。

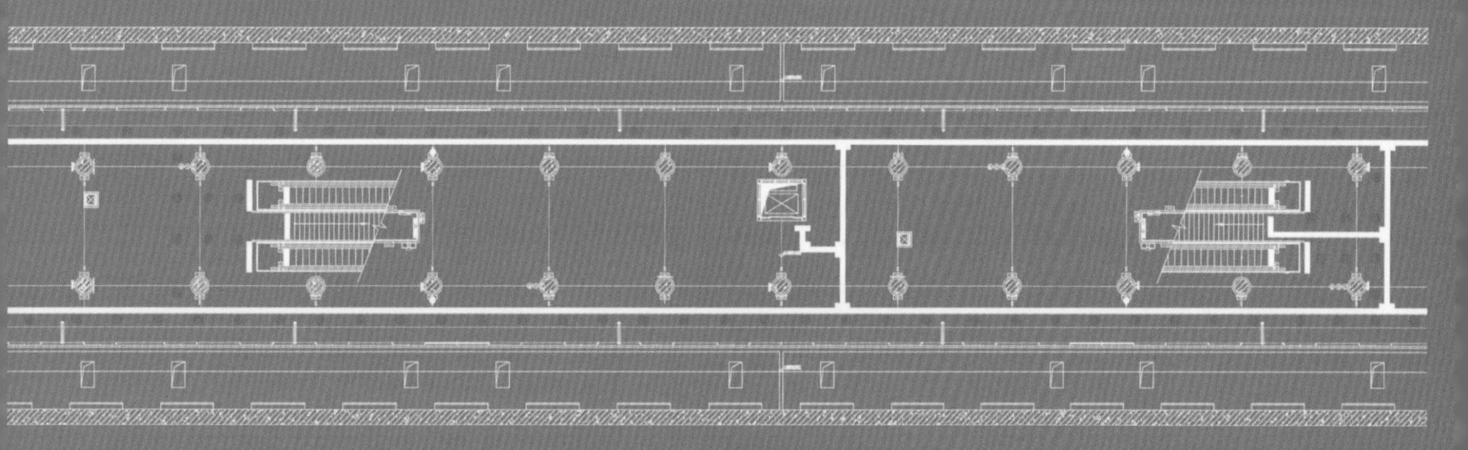

艺术品位于站厅层非付费区，长 50 米，高 3.8 米。

（三）作品创意解读

第一轮设计方案

以“奥运中国梦”为主题的壁画创作，其整体分为：申奥、举办、续写。

第一部分——奥运梦想

第二部分——举办奥运

金51
银21

第三部分——续写辉煌

金51
银21

第二轮设计方案

整体方案手绘草图

作品人物形象抽象

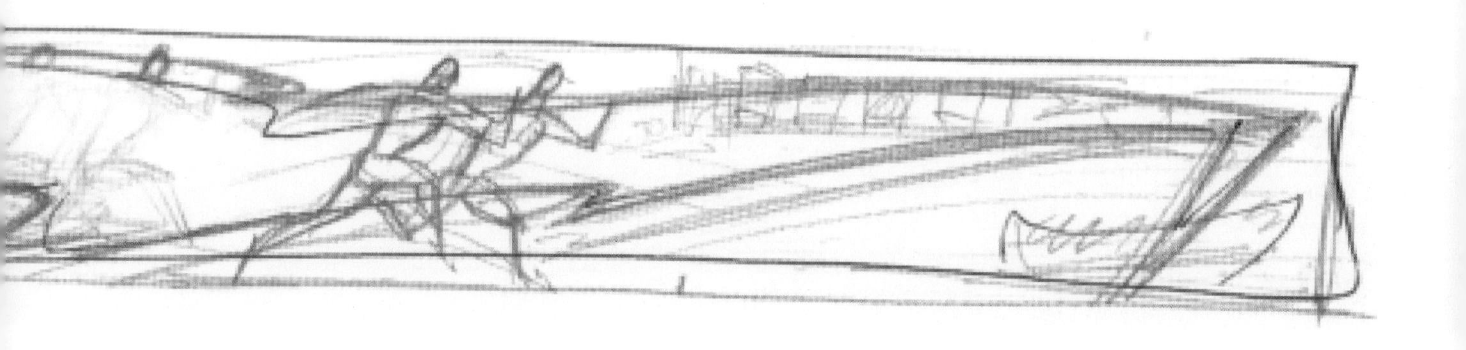

方案采用整体动感较强的构图，让观者有参与到画面中的感觉。并融入红旗、奥运辉煌成就等元素，形成远近观赏两种不同的视角和表达效果。

每个动感人物都是由北京奥运会我国金牌项目的运动员剪影构成的。大律动画面里细致表现了奥运的微观全景。

第二轮设计方案

作品背景墙色彩设计

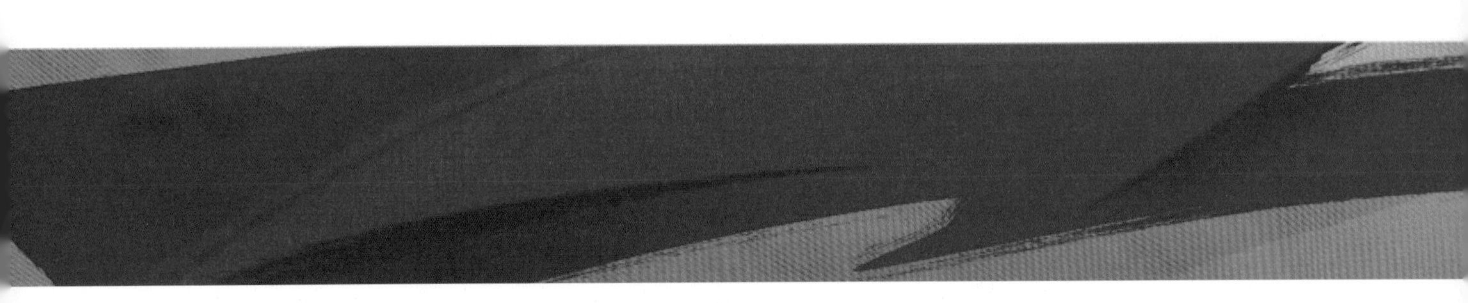

作品综合概念图推敲

方案整体采用中国色彩，让观众看到画面后融入红旗、奥运等色彩元素，带给人们强烈的国家荣耀和归属感。

第二轮设计方案

作品其他综合概念草图推敲

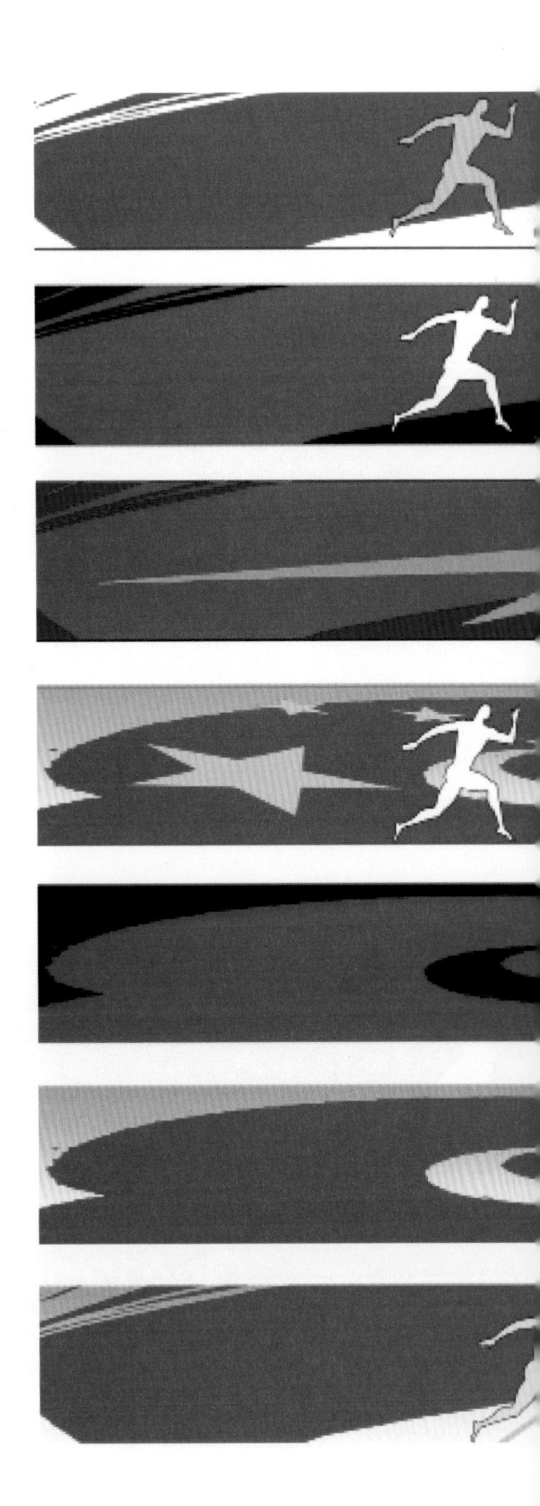

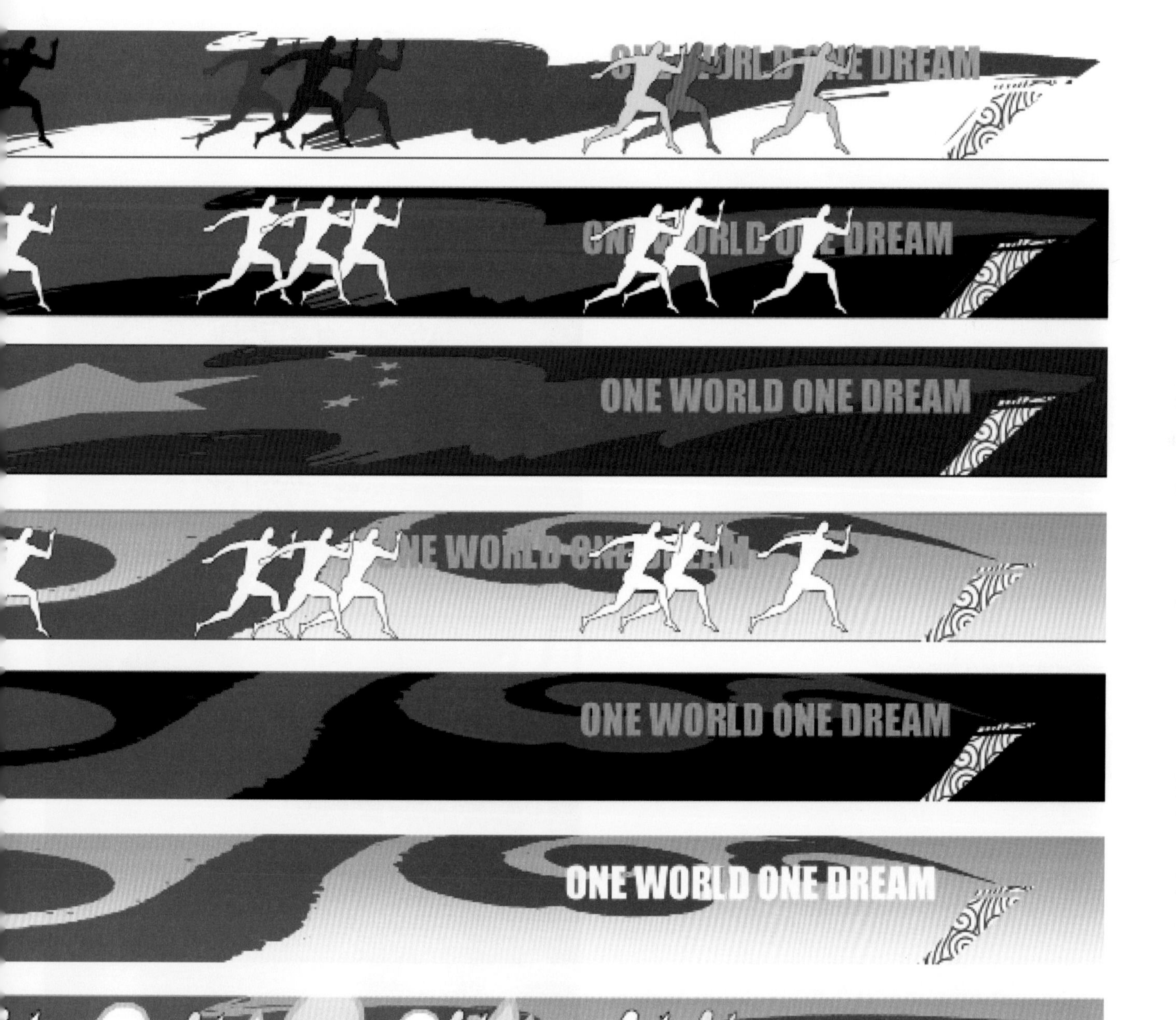
ONE WORLD ONE DREAM
ONE WORLD ONE DREAM
ONE WORLD ONE DREAM

作品细节解读

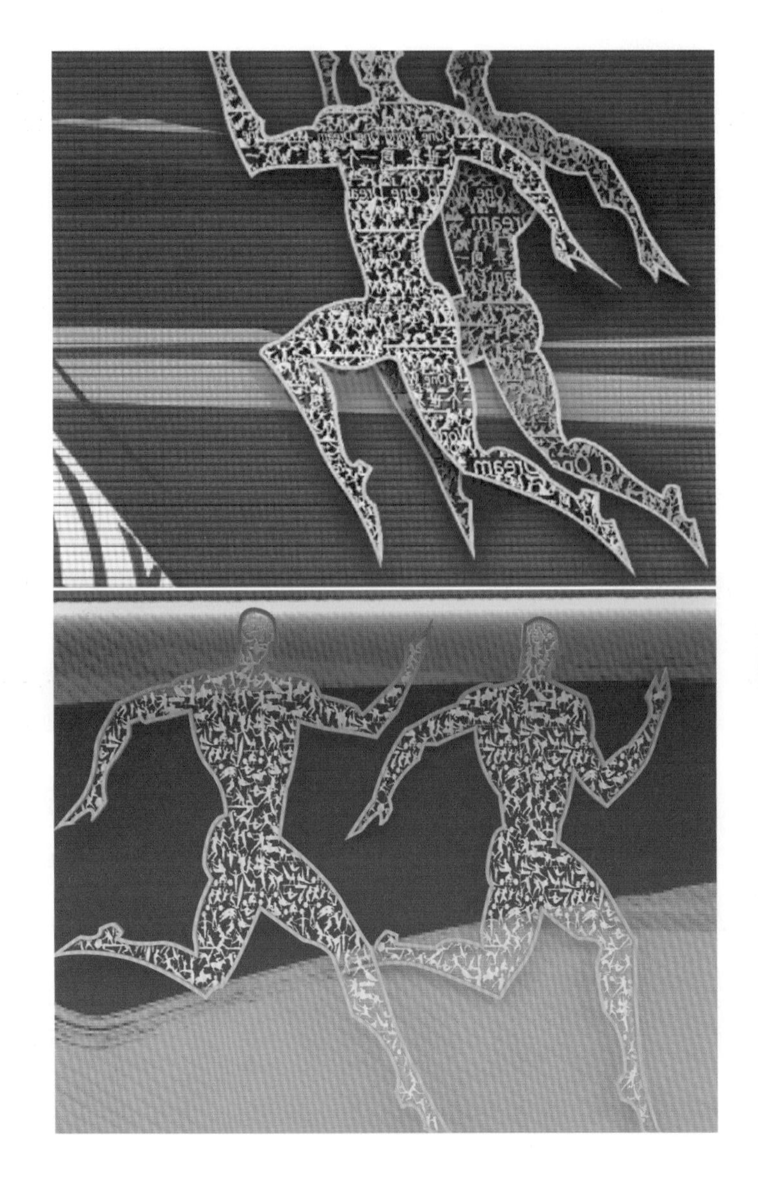

人物与人物之间是相互叠压有 5 厘米的层次，在可做范围内形成错落与整体画面的呼应。

方案 2 整体采用镂空雕刻的制作手法，形成层次和虚实关系，整体大气磅礴的同时保持了方案的轻松灵动。

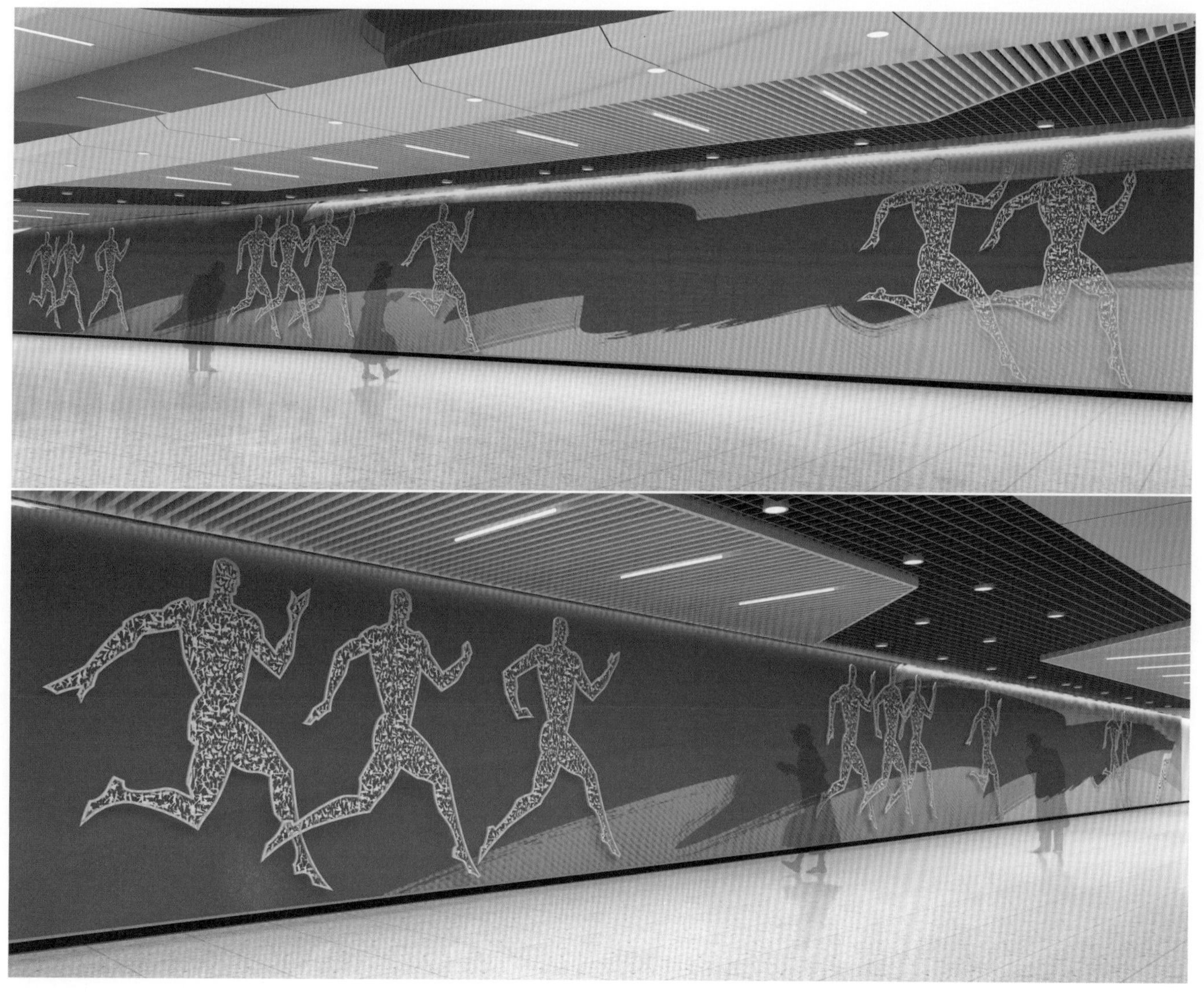

（四）制作过程

马赛克瓷砖材料考察

站内施工现场

视察现场

马赛克背景墙制作

（五）设计成果展示

规格 :50mx3.8m 工艺 : 马赛克剪拼、钢板切割

EXIT

（六）参与人员

作　　者　武定宇、崔冬晖

创作团队　魏鑫、宿辰、陈钢、李沃耕等

业主单位　北京城市快轨建设管理有限公司

建设单位　北京央美城市公共艺术院

监管单位　北京城市雕塑建设管理办公室

支持单位　中央美术学院中国公共艺术研究中心

中央美术学院轨道交通站点空间设计研究中心

北京联合大学艺术学院

（七）创作感受

奥林匹克公园站的公共艺术创作因为站点的地域特性，其主题非常明确。《奥运中国梦》可以算是目前北京最大墙面的公共艺术作品，作品的主体人物采用了归纳后的剪影形象，在每一个剪影之中又刻画出了在 2008 年奥运会中国队获得金牌的项目内容。作品背景主体采用了能够代表中国的红、黄两色，画面中融入的红旗、奥运、火炬等元素，整体上给人带来了强烈的国家荣耀和归属感。

然而，这件作品的创作过程却是很艰难的。起初这个墙面是一个“命题作文”，作品不单在内容上，甚至连表现形式都有相关的要求。我们按照要求进行了数十次素材的收集，完成了数百张素描的手稿，提供了三种不同形式的方案。但是业主单位选择的设计方案并不是我们自己满意的，正在犹豫“改”和“不改”之际，一次和王中老师的沟通让大家坚定了修改的决心。团队进行了第六次的修改，这可以说是一次颠覆性的修改。起初，业主单位并不同意修改方案，并专门为其组织了专家论证会。但是最后的方案得到了专家的一致认可，业主单位的看法也开始慢慢地改变，后续新的方案得到了确立，施工的过程也算比较顺利。

学 术 文 章 ACADEMIC ARTICLES

北京地铁公共艺术的探索性实践
——“北京·记忆”公共艺术计划的创作思考

Exploratory Practice In Public Art Of Beijing Subway
—— Creative Thinking Of The Public Art Plan “Beijing·Memories”

对于公共艺术介入轨道交通空间的记载可以追溯到 20 世纪 70、80 年代，其中最有名的例子是 1977 年巴黎地铁公司与市政府发布的一个长达 15 年的“文化活力计划”和随后英国伦敦 1981 年启动的“蜕变的车站”的专项计划。[1] 北京作为国内最早建设地铁的城市，紧跟时代的脚步，1984 年北京地铁 2 号线西直门、建国门、东四十条站先后展开以壁画为艺术形式，以传统文化科学发展为主要内容的艺术品的创作，将艺术品引入我国地铁空间。从这一批作品创作至今，我国的公共艺术创作已经走过了整整 30 年。截至 2014 年初，北京地铁已有 17 条线路投入运营，其中有 11 条线路、83 站引入了公共艺术创作，共计 128 件（组）公共艺术作品（含车站一体化设计）。

由于种种原因，1987—2006 年间北京地铁建设及其公共艺术创作基本处于停滞状态，直到为迎接 2008 年北京奥运会而建设的北京地铁机场线、8 号线一期（奥运支线）等项目启动，地铁公共艺术创作才重新被提上日程。由于对线路形象和功能的特殊定位，这两条线路并没有采用传统的公共艺术以壁画形式介入地铁空间的方式，而是由公共艺术主导站内空间的装修设计，进行了整体的艺术化营造。这标志着地铁公共艺术创作不仅随着新一轮北京地铁线网建设而重新启动，更因其独特的作用在新的发展时期中扮演着越来越重要的角色。

2012 年北京市有关部门组织了地铁 6 号线一期、8 号线二期南段、9 号线北段、10 号线二期 33 站 50 多件公共艺术作品的创作实施工作，将越来越多的新作品引入到地铁空间中，地铁公共艺术的创作形式也逐步从单一的传统壁画向更多元的艺术形式转变。[2] 无论是从数量上还是从质量上看，北京地铁公共艺术创作都获得了长足的进步。随着地铁线网建设和地铁公共艺术的发展，地铁空间日渐成为城市文化传播的重要载体。就北京来说，地铁每天的人流峰值超过一千万人次，也就是说每天面对地铁公共艺术的人数不少于 500 万，这是美术馆和博物馆参观人数的数百倍，它与公众沟通的次数是任何其他场所的艺术都无法比拟的。通常地铁的车站一般都会选择在周边区域较为核心位置设置，站点的开通必将成为该区域重要的公共场所，它将是周边区域文化精神最好的传播平台。在地铁公共艺术的创作中我们通常都会运用一定的艺术语言将这个区域的历史、文化展现出来，但这种展现很难突破传统的“叙事”和“再现”，并没有把区域文化的能量充分地挖掘、放大，同时也往往缺少对“当下”的一些关注和思考。如何利用好这个特有的空间，在创作中对区域的文化诠释的方式上取得新的突破，如何在满足地铁有限空间并符合基本功能需求的同时，将更加丰富的艺术手段合理有效地利用在地铁空间，这是对于正在逐渐熟悉和适应地铁这一特殊空间的艺术创作者而言不容回避的问题，下面我就近期刚刚实施完成的一件作品的创作谈谈自己的感受与思考。

一、应注重对城市文化与场所精神的挖掘，展现其精神内核

“北京 · 记忆”公共艺术计划，位于北京地铁八号线南锣鼓巷站站厅层付费区墙面，长 20 米高 3 米。作品所在的南锣鼓巷地区较好地保存着元大都时期里坊的城市肌理，保留着较为完整的胡同格局，每一条胡同都有着深厚的文化积淀，每一个宅院都诉说着动人的故事。它一直是北京文化历史的核心区域，直到如今那里也是最具北京特色文化的时尚地标。在考察调研过程中，我们一直在尝试寻找其精神特质，在梳理了大量的历史文献资料，对周边的现状与功能属性进行了实地踏勘与分析后，我们深信其核心的精神就是城市记忆，就像美国哲学家爱默生曾经说的“城市是靠记忆而存在的”，城市是有灵魂和记忆的生命体，丧失记忆的城市即意味着文化根脉延续性的断裂与消退[3]。因此，在创作中我们紧紧抓住记忆这个原点，去挖掘这条历史街区、院落和物件中所隐藏的人文往事，寻找即将遗失的北京故事。

作品诠释“记忆”的灵感一开始来源于琥珀，作品整体艺术形象由 4000 余个琉璃单元体组成，以拼贴的方式呈现出具有北京特色的人物和场景剪影，如街头表演、遛鸟、拉洋车等。每一个剪影又是由数百块琉璃块组成，在每一个琉璃单元体之中封存了一个北京的物件，如一枚徽章、一张粮票、一个顶针、一条珠串……我们把这些物件和它背后的一个个单体记忆和故事，连同它们所代表的时代的缩影，就如同松香包裹昆虫那样封存起来。封存在一个墙面中的众多鲜活的记忆相互作用，相互融合，最终将它以一个整体的全新姿态呈现。此时作品已经成为了有着独立灵魂的记忆载体，这个记忆载体，承载着无数单体记忆的同时，又在传播与展示的过程中不断与更多的观众建立联系，催生出新的记忆，而这最终也使它更加具有包容的凝聚力和超乎想象的震撼力。它将是记忆的承载者，也是记忆的传播者，更是记忆的创造者。

我认为，对于城市公共艺术的创作者而言，创作过程中最为重要的就是要找到其精神的内核，注重对其场所精神的把控与表达。公共艺术的创作绝不仅是一个外在形式的探索，好的公共艺术作品本身就应该具有内在精神和特定的社会文化意义，让人们可以透过作品，看到时间与空间、现实与历史、思想和情感留下的烙印，从而引发公众讨论、文化交流等一系列的互动关系。就像我们要找到一个艺术的种子让它在这里生根发芽一般。

二、强调公共精神，让公众与作品共呼吸

地铁公共艺术区别于传统意义上的博物馆艺术、美术馆艺术，甚至区别于一般意义上的公共艺术，一方面是由于其大众艺术的属性，要兼顾一般大众的审美能力和趣味；另一方面是因为其庞大而复杂的受众群体，既要考虑所在地区的场所精神和文化，同时要兼顾非本地区生活的人群对作品的读解能力。因此，我们在创作构思的过程中尝试促成一种当地居民的记忆与一般受众之间的某种对话，并在创作的初期，就通过征集、走访等方式去尝试让南锣鼓巷的居民参与到作品的创作中来。由创作者来设定交流规则，由作品来提供平台，但是交流的内容和素材则由居民来提供。最终的结果证明，引导公众参与到作品的创作中来，不仅极大地丰富了作品的内容，帮助我们完善了作品的结构，更推动了公众与作者、公众与作品、公众与公众之间的互动，使作品拓展了其社会功能。这就像 20 世纪 70 年代末，挪威著名的建筑师、历史学家诺伯格 · 舒尔茨所说的：“城市形式并不是一种简单的构图游戏，形式背后蕴含着某种深刻的含义，每一场景都有一个故事。”置于特定场景之中并作为城市有机组成部分的公共艺术必然要成为这一故事的载体，让人们在与公共艺术品的交流和互动过程中，察知城市的历史文化、体悟城市的精神内涵和延续城市的感觉与记忆。[4]

在创作的过程中我们运用了公开征集、目标走访、田野调查等多种手段来进行前期的数据收集，并对庞杂而琐碎的信息进行了系统的梳理。一方面，通过设立官方网站和媒体向社会发布“北京 · 记忆”公共艺术计划的征集启事；另一方面，组建专门的执行团队走访北京重要的老字号商户、非物质遗产传承人，去收集和整理那些特殊的城市记忆故事和纪念物；此外，还同时组织了 10 个小分队开展田野调查，与长时间生活在那里的民众沟通，向他们阐释了关于“北京 · 记忆”的创作想法以及收藏他们的北京物件和北京记忆的请求。在征集的过程中我们还得到了南锣鼓巷居委会的支持，通过居委会的组织与当地居民的参与成功举办了“北京 · 记忆” 公共艺术计划的宣讲会，得到所在区域居民的积极响应，民众对公共艺术的积极认可和接受程度是我没预料到的。当然，在工作展开的初期，很多的居民对这个艺术作品的执行方式并不理解，存在一定的质疑，但是经过我们工作的不断完善、沟通和阐述方式的改善，最终还是收获了居民的理解与支持。征集工作前后历时七个月，走访了上千位民众，收集物件共计 3068 件，视频与语音采访 122 条，经过对物件和视频的认真筛选，最终确定 1969 件物件与 50 条语音视频等待放入作品之中。

“北京 · 记忆”这件作品所追求的不单是艺术作品的呈现，艺术形式仅是它的“外”在表现，而我们更注重的是它的“内”在灵魂，我们要做的不局限于去装点一个墙面，让它具有形式美感，更是希望通过作品触发人们对这个场域的回忆与思考。这里强调的不是个人的创作和艺术风格，而是体现作品与社会与公众沟通，与生活在这个区域特有的人群沟通。这里没有艺术家和创作者，而只是与公众进行一种更为平等的心灵沟通。我们很看重这个过程，在这一过程中我们不单单在寻找我们需要的物件和记忆，我们寻找的是一个个作品的参与者，把他们的记忆用物质的形式记录并流传下去，让他们参与其中产生一种自豪感与归属感，当这种自豪感与归属感不断地传播、延续、发酵，就会激发更多可能性，让作品获得不断的生长性和生命力。

同时我们在向公众讲述艺术创作的同时，希望传播的是一种公共艺术的精神，在沟通的过程中让公众逐渐地了解公共艺术，感受公共艺术，去探索和体验公众对公共艺术的态度，培养公众对公共艺术的理解和可接受的程度等。这个过程是公共艺术核心价值的体现，在征集和讲解的过程中会遇到很多有价值的问题，与公众思想的碰撞促使我们在解决和回答问题的过程中逐步地完善和充实作品，也让我们更加深刻地理解公共艺术在中国存在的价值和意义。当然，一件作品创作与公众的沟通也许不能去改变什么，但它也会像一颗“种子”一样生长在公众的脑海里。

三、运用跨界艺术的复合手段，强调作品的延展性与时代性

在“北京 · 记忆”这个作品之中我们建构了一个基于网络的延展平台，在封存物件旁边的琉璃单元体中安放了二维码，并设置微信平台与其互联。市民可以用手机扫描二维码，获得征集物件背后的故事和相关视频，在乘车的过程中阅读，同时还可以通过留言方式进行互动交流。我们还设立了“北京 · 记忆”的官方网站（http://www.beijingmemory.org/），记录平台中每一位观众与作品的互动，公众可以通过登录官方网站了解每一个物件的背后故事，可以了解创作团队的创作理念和创作过程，让艺术作品与公众之间形成了一个生态的互动链条，这种虚拟的平台赋予了作品一种新的生命，公众的互动参与促进了作品本身的生长，为作品未来延展提供了可能。毕竟地铁空间作为交通空间，留给每一个人欣赏艺术作品的时间和空间都是相当有限的，传统意义上的互动难以在这样的限定中获得良好的传播和生长效果。因此我们尝试让“北京 · 记忆”突破作为墙面上的一件艺术品的限制，将有限的时间和空间变为受众与作品互动的一个起点和触发点，让更多的阅读、互动发生在乘车和行动过程中，通过让观赏者将作品带走、阅读、收藏，来实现作品的延展和生长。

同时我们将“北京 · 记忆”称之为公共艺术计划，就是要强调作品本身的计划性和系统性。它并不局限于艺术品的概念，在创作中，通过宣讲、征集、推广等方式和过程体现作品的“社会性”与“公共性”，同时强调跨界艺术的多样性和互动性，将新的信息传播方式、多媒体艺术、网络空间等因素纳入作品中，使作品的形式和载体更加丰富多元。用一种全新的方式阐述地域文化，展现其场所精神，抓住“记忆”这个概念，强调其多样的“生长”过程。此时的“北京 · 记忆”已不仅仅是城市公共空间物化的艺术品，随着时间的发展，它还将是一个市民互动事件，一次媒体与公众的交流，甚至会引发一个社会话题，并最终成为一个公共事件。它将是植入城市公共生活中的一颗“种子”诱发文化的“生长”。

总之，“北京 · 记忆”公共艺术计划作为地铁公共艺术创作中的一次探索是具有积极意义的。首先它强调的是对场所精神与地域文化的深度挖掘，找到其精神内核，并运用艺术的语言进行演绎和发展，其促成文化的再生长；其次，它采用一种严谨的方法去组织策划，在作品的实施过程中注重创作者与民众的沟通，让民众参与作品创作之中，让作品更具“公共性”与“参与性”；最后，它所强调的是一种探索精神，大胆地将跨界的艺术形式、复合的艺术语言有选择地运用到艺术作品之中，打破原有单一艺术作品的概念，让作品更具生命与活力，让其更具时代性。“北京 · 记忆”公共艺术计划的这一次尝试只能算作地铁公共艺术探索中的一颗“种子”，它会和在其他探索中“种子”一起在地铁公共艺术创作的土壤中逐渐地成长壮大。

[1] 杨子葆（2002），捷运公共艺术拼图，马可波罗文化出版，P.92-102.

[2] 北京市规划委员会（2014），北京地铁公共艺术 1965-2012，中国建筑工业出版社，P.10-P11.

[3] [德] 刘易斯 · 芒福，城市发展史 2005，中国建筑工业出版社， P.101-105.

[4] 陈高明、董雅，公共艺术的场所精神与地缘文化——以天津为例，文艺争鸣 2010.4，P66.

《北京地铁公共艺术的探索性实践——“北京 · 记忆”公共艺术计划的创作思考》 武定宇发表于《装饰》2015 年第 1 期

从艺术装点空间到艺术激活空间
——北京地铁公共艺术 30 年的发展与演变

From Art Decorate Space To Art Activate Space
——30 Years Of Beijing Subway Public Art Development And Evolvement

自 1984 年《燕山长城图》《大江东去图》等作品进入北京地铁 2 号线以来，北京地铁公共艺术已经走过了整整 30 年的发展历程。在这一过程中北京地铁公共艺术的创作题材，从单一的艺术品创作演化为以线网文化艺术规划为指导的相互关联的系统化的文化传播载体；在艺术形式上，从传统的壁画形式发展为由壁画、雕塑、装置艺术、多媒体艺术等多种形式语言相互渗透、融合，充分发挥各种艺术形式的优势和特点的形式多样的艺术表现媒介；在材料选择和空间利用上，从采用单一的材料和特定墙面的空间位置转变为站内空间装修相结合的综合材料应用和复合空间延展。

在本文中所探讨的北京地铁公共艺术包括但不限于针对北京地铁公共空间所设计和设置的艺术作品，还包括从文化和视觉需求出发，在车站内设置的艺术化的公共设施及对车站公共空间进行的一体化艺术营造。截至 2014 年初，北京地铁投入运营的 17 条线路中，有 11 条线路 83 个站点引入了公共艺术，总计 128 件（组）。到 2020 年，北京地铁还将在现有线路里程的基础上翻一番，因此我们认为在这样的时间节点上，有必要对北京地铁公共艺术的发展历程进行回顾和梳理，并为北京地铁公共艺术的发展乃至我国其他城市的地铁公共艺术建设提供借鉴和参考。

一、艺术介入地铁空间

从严格意义上讲，1984 年的北京地铁 2 号线的壁画创作并非公共艺术第一次进入地铁空间的尝试。早在 20 世纪 70 年代，由地铁建设相关部门集中了全国在艺术创作上有成就的艺术家创作了一批主题性的作品，但是受限于当时对于地铁空间各种条件的理解，这一批地铁布置画采用了油画的艺术形式。在“文革”结束后，一方面由于油画材料难以承受地铁特殊的空间环境的考验，另一方面由于政治氛围的变化，导致这批作品的创作最终被取消。[1]

1979 年首都机场壁画创作完成在美术界乃至全国引发轰动，成为中国美术史上的重大事件，同时也为北京地铁公共艺术的创作和设置带来了新的思路。1984 年 4 月 27 日，时任中央书记处书记胡启立在视察地铁时指示:“要在车站搞点壁画、雕塑，画家可以在自己的作品上署名，车站灯光色彩单调，今后要考虑灯光不要一个颜色。”正是按照这一指示精神，才形成了后来广为人知的《燕山长城图》《大江东去图》《四大发明》《中国天文史》《华夏雄风》《走向世界》这六幅具有划时代意义的作品。[2] 1984 年也成为了北京地铁公共艺术元年。

早期的地铁公共艺术实践中这六件作品既是北京地铁公共艺术从无到有的突破，也是壁画创作和中国美术史上的一座丰碑，极大地满足了改革开放初期人民对于艺术欣赏的迫切需求的同时，也标志着北京地铁从以军事功能为主的战备工程向服务于广大人民的公共设施的转变。但是作为我国首次艺术介入地铁空间的实践，难免也留下诸多遗憾。首先，作品在材料的选择上多采用陶板彩釉方砖或拼贴的方式制作，虽然从耐久性上相比油画有一定的优势，但形式呆板，缺乏丰富的视觉体验；其次作品均设置在候车站台的外侧墙面上，供候车的人观摩欣赏，但是由于靠近列车运行轨道，对作品的耐久性提出了严峻的考验，也给后续的维护和修补带来了较大的困难；此外，由于并没有针对艺术作品进行照明设计，一定程度上影响了作品在地铁车站空间内的视觉效果。

二、艺术营造地铁空间

在 1986 年之后的 20 余年的时间内，由于没有新的北京地铁工程建设，地铁公共艺术的发展也陷入了停滞。2006 年，以北京奥运会的举办为契机，大量的地铁线路项目上马，地铁公共艺术也因其在文化传播中良好的效果和重要的作用获得了前所未有的关注。2007 年，中国壁画学会会长侯一民先生致信北京市领导，提出加强北京地铁中的文化艺术建设，并形成系统化的规划。得到时任北京市委书记刘淇“确有必要”的批示，拉开了北京地铁公共艺术在创新和探索中新发展的序幕。

这一时期，北京地铁的主管部门和相关建设单位与艺术家一道，对北京地铁公共艺术的创作和建设进行了大量的探索，尝试了多种不同的艺术介入地铁空间的形式和方法。如 2007 年开通的北京地铁 5 号线，虽然仅有 5 站 6 件（组）公共艺术作品，但是却涉及了壁画、浮雕、圆雕等多种艺术形式和书法、绘画、现代艺术装饰等多种题材，在站内设置空间的选择上，也尝试了站厅、站台、楼（扶）梯楣头墙等多种位置。次年 7 月开通的 10 号线一期则主要尝试了站舍标准化设计，在站厅中的特定墙面引入现代艺术装饰的方式，为后来大量运用的“标准化装修，艺术品介入”奠定了基础。

同一时期，还有定位于直接服务北京奥运会的北京机场快轨和奥体支线的建设。这两条线路在车站的视觉形象、文化艺术建设上的投入力度可以说是空前的。由于机场线仅设 4 站，单凭在车站中设置公共艺术作品无法在观众心中留下深刻印象，因此，车站采用了由中央美术学院轨道交通站点设计研究中心领衔进行艺术营造空间的设计方式。由文化和艺术引领整个站内空间的装修设计，使各站之间呈现出识别性较好的统一的视觉形象，形成了极具现代感和震撼力的视觉形象。

奥运支线（8 号线一期）则采用了“一站一景”的艺术营造方式，根据每站在奥体中心区的定位分别进行设计，如森林公园站的“森林与绿色”、奥林匹克公园站的“生命与运动”、北土城站的主题“传统与现代”等，综合运用大量的现代装修和照明设计等手段，将公共艺术的理念和站点的主题贯彻到站点公共空间设计的天花、地面、柱体、墙面、屏蔽门等每一个细节。

北京奥运会前后建设的地铁和地铁公共艺术有着鲜明的时代特色，以北京机场快轨和奥运支线为代表的艺术营造空间的方法，创造了北京国际化的形象，并凭借高超的艺术水准和多样的艺术语言赢得了广泛的赞誉。同时，地铁 10 号线一期和较早的北京地铁 5 号线，则在多方面的探索中为北京地铁公共艺术未来的发展奠定了基础。

三、艺术激活地铁空间

2011 年，由北京市规划委员会组织中央美术学院和中国壁画学会在充分研究的基础上编制完成了《北京地铁线网公共艺术品规划》，使日后北京地铁公共艺术的创作、实施和评审，有了系统化的指导和依据。自此，北京地铁公共艺术进入了高速发展的时期。

经过 2009—2011 年间陆续开通的 4 号线、大兴线等线路的探索和积累，使参与北京地铁的公共艺术创作的艺术家对地铁空间公共艺术的特点和需求有了更深的认识。越来越多的优秀的公共艺术作品不断地涌现出来，在市民中获得了很好的反响。

2011 年以来，艺术家在满足地铁空间的基本限定和要求的前提下，在多个方面取得了长足的进步。这一时期地铁公共艺术创作中最具里程碑式的意义在于互动性的引入，用艺术激活空间。在 2013 年底面世的 8 号线南锣鼓巷站的公共艺术作品《“北京·记忆”公共艺术计划》中，作者引入了用“琥珀”封存“记忆”的概念。作者首先用数千枚空心的琉璃块在墙面上组成了常见的老北京生活场景，然后发动北京市民尤其是南锣鼓巷周边的居民捐赠代表了他们的“北京 · 记忆”的小型物品，并用文字和音频记录他们讲述这一物品背后的故事。完成以上的工作后，作者将物品装入地铁墙面上空心的琉璃块中封存起来，同时将文字和音频上传到作品网站，并将与物品相对应的文字、音频链接制作成二维码放置在被封存物品旁边。[5] 这一作品的出现，让市民得以参与到公共艺术创作的过程中来，突破了以往公共艺术作品单一的传播方向，形成了作者与公众的互动；同时，乘坐地铁的乘客可以通过扫描二维码获得他们想要了解的物品背后的故事，形成了作品与观众的互动。通过这两个互动过程，受众变成了作者之一，观众则被转化成了读者和传播者。封存记忆的过程和结果，都促成了新的记忆的诞生。作品突破了地铁空间对作品的局限，在虚拟空间中获得了更大的延展和可能。

经过30年的实践探索和发展，北京地铁公共艺术在管理、创作、遴选、实施和后续的维护上都已经形成了相对成熟的操作方法，通过对北京地铁公共艺术发展历程的梳理可以发现，地铁建设部门、地铁公共艺术管理部门、公共艺术创作者也形成了对地铁公共艺术的某些共识。但是，影响地铁公共艺术创作和发展的局限也是存在的，以下是我们对于北京地铁公共艺术创作和管理上的一些思考。

第一，建设机制。北京地铁公共艺术现行的建设机制是由地铁建设单位负责招投标确定公共艺术组织单位，组织资深专家进行创作和制作，并全程由北京城市雕塑管理办公室进行监制和把关。但是，当前地铁公共艺术建设和多单位配合机制是以地铁建设单位主动提出或在行政命令下引入公共艺术为前提的。尽管在地铁空间中设置公共艺术作品是多方的共识，但目前地铁公共艺术的建设仍然缺乏制度性或法律上的保障。我们认为应该考虑从立法、行政法规或行业规范的角度明确地铁公共艺术的建设，而立法中必然涉及的量化比例、管理方法、设计的内容和规范也将为地铁公共艺术的发展带来诸多益处。

第二，管理方式。地铁建设作为重大的公共设施工程，往往采用集中管理、统一设计、统一布局的办法，本着易于管理的想法，存在着将地铁公共艺术和站点的装修设计混淆的问题。受限于“流水作业”的学科分工协作方式，公共艺术创作者经常发现自己面对的是装修设计单位给其留下的“填空题”，在地铁公共艺术介入的时候，装修设计已定型进入施工阶段。由于缺乏有效的沟通，装修设计单位给公共艺术作品预留的空间位置往往对公共艺术作品的形式和传播效果造成了不必要的限制和负面影响。以投资数额为本位的管理理念，认为公共艺术仅是地铁庞杂的系统工程建设中非常微不足道的一个组成部分，但是实际上公共艺术对于车站、线路乃至一座城市的文化品质和文化形象都有着至关重要的作用。因此，随着技术的进步带来的车站空间更加多样和宽敞的今天，应鼓励公共艺术创作更早地介入到地铁的建设过程中，与装修设计单位充分地沟通和配合，使公共艺术的表达和传播效果最大化。

第三，运营维护。地铁建设往往在最初的建设完成后，移交给地铁运营方进行管理，以运营和修补为主。由于运营方并没有参与地铁公共艺术的创作、遴选和实施的过程，运营方对公共艺术作品了解不足，既难以很好地履行其管理维护的责任，也往往不愿意为之付出额外的人力、物力。同时，公共艺术仅作为地铁建设中一个非常微小的子项目，导致公共艺术的创作者没有与运营方沟通的通畅渠道，在作品移交运营后，创作者几乎无法对作品进行调整和维护。地铁公共艺术在建设完成后，就进入了一种管理、维护的半真空状态，后期运营过程中损坏现象时有发生。同时，按照公共艺术的发展规律，地铁公共艺术也应该是一个动态的过程，根据社会和文化的发展，遵循一定的机制，可以生长、发展、改变甚至拆除。这就需要一个相对独立的地铁公共艺术管理部门，负责统筹地铁公共艺术作品的维护和更新。

第四，题材选择。地铁站点公共艺术作品的题材选择往往是与这一作品所在站点在城市中的区位发生联系的。北京的地铁公共艺术在题材的选择上区别于深圳、上海等地，往往倾向于表现北京丰富的历史文化遗存，这是与北京作为一座历史文化名城和作为我国的首都、文化窗口的定位分不开的。但是，随着北京地铁的线网建设日趋密集，以历史文化遗存为主导的题材选择也可能会导致一些问题。首先，有限的历史文化遗存资源如何分配，需要合理的规划进行限定，由建设管理部门负责协调艺术家进行创作，避免在题材选择上出现重复、牵强的情况。其次，在题材选择中形成的思维定势，将有可能呈现出遗存丰富的地区如城市中心区的地铁公共艺术密集，而遗存相对较少的地区如城市周边区域则相对较少，在城乡一体化、城市去中心化的宏观发展思路下，应鼓励和接纳更多样的题材选择思路，引导公共艺术这一文化资源在城市中的合理分布。

第五，推广与衍生。当前对于地铁公共艺术作品的推广和宣传仍局限于方案完成后征求市民意见的网上评选和地铁开通时的媒体报道，并没有一个系统化的方式向市民推介地铁公共艺术作品。应考虑通过设立网站、媒体发布、现场宣讲、制作公共艺术导览图册等方式，引导人们关注地铁公共艺术，充分利用地铁空间带来的巨大文化传播效应，有效发挥公共艺术的社会价值和城市文化品质提升效应。

地铁公共艺术的建设，应不仅仅局限在地铁空间的美化，还应立足于社会的发展和变化，反映科技的革新和演进，影响人们的生活方式和态度，建立一套完整的公共艺术生态机制，将地铁公共艺术打造成服务于国家和城市文化发展战略的文化艺术展示平台。2013 年 3 月 8 日，北京地铁单日运量突破 1000 万人次，标志着成为世界上最繁忙的地铁的同时，也意味着北京地铁公共艺术成为了拥有巨大的观众群体和传播效应的文化艺术传播载体。北京作为全国最早建设地铁、最早建设地铁公共艺术的城市，其地铁公共艺术无论从哪个方面，都对我国的地铁公共艺术发展有着不容忽视的影响力。因此，在北京地铁公共艺术 30 周年的这一时间节点上，我们通过研究，论述对其发展历程的梳理及其未来发展可能性进行的一些思考， 希望能够对中国的地铁公共艺术的发展有所裨益。

[1] 侯宁 . 地铁站内公共艺术及作品位置与形式研究 . 济南：山东师范大学学报，2006：11–12

[2] 北京市规划委员会 . 北京地铁公共艺术 1965–2012. 北京：中国建筑工业出版社，2014：32

[3] 崔冬晖 . 北京地铁奥运支线、机场线的公共艺术 . 美术观察，2008，11(11)：18–19

[4] 王中 . 被误读的公共艺术 . 公共艺术，2011，10：66–67

[5] 赵婀娜，章正 . 京味儿“靓”地铁 . 人民日报，2014-1-3(12)

《从艺术装点空间到艺术激活空间——北京地铁公共艺术 30 年的发展与演变》 武定宇、宿辰发表于《城市轨道交通研究》2015 年第 4 期

互动性公共艺术介入地铁空间的可行性探索

The Feasibility Of The Infiltration Of The Interactive Public Art Into Subway Space

随着经济社会的高速发展，我国目前拥有地铁的城市数量与总运营里程，均已跃居世界第一。近年来，地铁公共艺术也受到越来越多的重视。但回望我国30年来的地铁公共艺术发展历程，大多难以跳出壁画与浮雕的形式。在当代公共艺术注重话题性、参与性、互动性、体验性的诉求下，将互动性公共艺术引入地铁空间的可行性研究，便成了公共艺术研究者的重要课题。本文将理论分析和实例研究相结合，以期找寻当代地铁公共艺术创作的自身规律、特殊要求及方法。

一、互动性公共艺术介入地铁空间的外部环境

近年来，随着云计算、移动互联网、虚拟现实等技术的日益成熟，新媒体艺术、展览展示设计、交互设计等相关艺术领域也拥有了更多的可能性。作为与社会发展和社会思想关系最为紧密的学科之一，公共艺术的理论和实践同样处在不断的自我完善之中。一方面，当代艺术在延伸出无限可能性之后不可阻挡地开始了对公共空间越来越多的改造和干预，另一方面，社会民主的发展催生了更多关注社群、关注公众的社会学倾向的艺术项目和计划。由此，互动性公共艺术出现了前所未有的发展热潮。早在 2004 年，王中便指出公共艺术“以动态和静态的两种形式介入城市的空间形态和人们的日常生活之中”，“大型活动、艺术展示”也进入公共艺术范畴 。[1] 毫无疑问，在今天，观众能直接参与、体验的互动性公共艺术作品将越来越多，并将在公共交往、场域营造的活动中扮演日益重要的角色。

借着奥运会和世博会的契机，以北京和上海为代表的城市开始了新一轮地铁建设，地铁公共艺术也迎来了难得的发展机遇 。上海在 2010 年世博会期间运营的 280 座地铁车站中，已经设置有 54 幅壁画，基本覆盖地铁网络中的纽站、换乘站和重点站，公共艺术覆盖率接近 20%。[2] 随后，杭州、南京、西安、苏州、武汉、重庆等城市相继加入，公共艺术成为地铁建设的一个有效组成部分。 值得注意的是，2013 年青岛地铁在地铁全网规划的阶段就将公共艺术纳入其中进行整体考量，并成立专家艺术委员会为所有视觉形象把关，这种方式将会有效超越以往公共艺术简单的点缀和美化功能，使公共艺术介入到地铁空间的更多方面。这种尚处于探索和实践阶段的创新方法，最终成效如何还有待观察。

由于中国地铁公共艺术发展时间短，停滞时间长，整体而言目前行业标准缺失、设计水平及施工质量参差不齐，建设及管理

规范相对混乱，各责任单位权责不清，因而目前的成果无论从质量还是数量上，仍存在较大的上升空间。截至 2014 年底，我国已有或在建地铁的城市已达 40 个，地铁空间已经越发成为展现城市文化的新窗口。[3] 在中国地铁公共艺术发展了 30 年后的今天，其实现形式随着科技、社会、行业的进步，正日趋多样化。其中，互动性公共艺术作品以其特有的公共性和社会性价值，正越来越多地进入到地铁公共艺术创作之中。

二、地铁空间特性对公共艺术创作的影响及限制

在地铁空间中，最根本属性当为其空间相对封闭，多为室内空间和地下空间，多采用灯光照明，温度、湿度等条件相对稳定，但空间容易产生压抑感。同时，由于地铁公共艺术的受众大多是在站立或行进中感受作品，因此其设置高度和位置也有一定局限。另外在功能性特征方面，地铁内部空间对通过性要求较高，人员停留时间短。地铁空间中通行的人流无法较大范围地自由移动，人员流线目的性、秩序性突出，这就决定了乘客在地铁空间中的视觉体验具有强烈的线性特征。此外，常年相对较大的人流量，使其在满足日常运行前提下，对维护管理时间、空间造成了较大限制。再者，地铁空间公共艺术在设计时对空间、资金的利用是力求节约且高度合理化的：一方面，由于地铁空间的规划、设计、施工、管理经费均来自于制定好的政府财政预算，在设计和施工过程中成本调整的弹性极小，需严格控制；而另一方面，由于施工空间有限，作品的形态构成要绝对合理，并且其空间的特殊性对材料、照明、防火、供电等方面，都有强制性标准规范。

所以，地铁公共艺术必须充分考虑上述地铁的空间特性，结合自身特有的受众面大、覆盖面广的优势，因地制宜、恰如其分地将地铁公共艺术效用最大化，达到地铁公共艺术与地铁空间的完美融合。

三、地铁互动性公共艺术设置的分析与案例研究

根据国内外大量实践，我们将地铁空间内设置艺术品的位置归纳细分为 13 个区域（表 1）。其中每个区域由于所处区位、功能定位、建筑结构等因素的差异，适用于不同的公共艺术表现形式和载体，并且很多特定空间的公共艺术设置也具有其独有的要求和特征。分析表明互动性公共艺术在不同地铁空间中的适用性和包容度，存在着非常大的差异。

表 1　地铁空间细分区域公共艺术设置对照表

空间区域	艺术品数量	公共艺术主要表现形式	是否适合设置现场互动作品
建筑外立面	少	建筑、装饰	否
地铁出入口	少	雕塑	否
站厅层墙面	多	浮雕、壁画、装置、圆雕、广告	是
墙体转角空间	少	圆雕、装置、装饰	一般
扶梯空间楣头墙	多	浮雕、壁画、装置	是
站台层墙面（候车区域）	多	装饰、浮雕、壁画	否
站台层墙面（轨道内部）	中	浮雕、壁画、广告	是
换乘通道	少	广告、装置	一般
吊顶	中	装置、浮雕、圆雕、壁画、装饰、建筑	一般
立柱	中	装饰	一般
地铺	少	装饰	否
车厢内部	少	壁画、广告、装饰	是
屏蔽门、座椅、垃圾桶、扶梯、服务中心、检票闸机、无障碍电梯轿厢等设施	少	装饰、公共家具、广告	一般

“互动”方式的差异使地铁空间中的公共艺术必须满足更加严格的要求。通常，互动性公共艺术被分为科技互动和社会互动两大类别。前者依托技术支持，与新媒体艺术、交互设计等密不可分。观众及参与者通过自身的行为，在作品现场实时对作品的呈现造成干预和影响。此类互动作品的特点是直观、快捷，操作感强，体验感强，能极大调动公众的参与热情。而社会互动通常体现为计划型公共艺术或称新类型公共艺术，其更加关注社会话题，强调公共艺术与社会大众发生更直接和持久的关系，通过聚焦于特定社群、地点、概念、事件，让公共艺术在更广泛的外延产生更深远的社会效益。

依据公众参与公共艺术的地点不同，互动性公共艺术可归纳为现场参与、后台参与及二者综合三种参与方式。在现场参与的互动公共艺术中，作品本身的技术手段、体验效果、气氛营造、舆论和环境的引导都会成为公众参与作品互动的主要诱因。例如，借助摄像头的捕捉和影像输出，观众在挥动手臂时，屏幕、灯光会随着动作出现相应的变化；借助感应装置，观众的移动速度、人员密度等因素会影响作品的形态等。也有形式上更为简单直接的，譬如利用镜面、涂鸦墙、二维码、现场派发的道具等实现公众参与，不一而足。而后台参与式的作品更多地依靠工作团队在现场之外的工作以及互联网、移动终端、社交媒体。通过这些途径，也许我们今晚的网络行为就会成为明天展览上呈现的景观。

在表 1 所列的所有具体空间中，后台互动的形式都是适合的，例如陈逸坚装置于台北捷运的作品《空间之诗》。这件运用 LED 字幕机的作品，除固定播放现代诗人的诗句外，所有市民都可以将诗作通过手机短信即时传送至字幕机上发表。另一件同样设置于台北捷运（世贸 /101 站）的作品《相遇时刻》也通过后台庞大的工作量使现场路过时的不经意的浪漫成为可能。作品运用早期翻牌式时刻表的机械装置，构成 10×10 矩阵的互动脸谱，内藏由艺术家团队事先采集的来自台北市民的不同面孔。而每个翻牌装置都有程序独立控制，排列组合出无数种搭配，进而形成由不同面容部位组成的合成脸孔。在装置中，每一小格中间都有活页横轴将小格横切成上下两页图像，上半格的图像会定时自动翻下覆盖下半格原来的图像。当很多小格同时翻动，瞬间就发生变脸的效果。这些新创造的脸孔，保有原有脸庞的特征，表达当人相遇时情感的渲染，如同表情的相遇与“老吾老以及人之老，幼吾幼以及人之幼”的理想。通过这样的作品，捷运站被塑造成了一个“兼具集体经验和心灵分享的公共空间”。[4]

然而，不同于后台互动性的作品，现场的互动则有更为复杂的要求和限制。其最主要的受制因素当然仍是空间位置及通过性要求。标注为“一般”级别的，我们认为主要是通过简单的感应方式进行互动，感应的信号包括温湿度、音量、人流量等，将这些信号进行采集、加工、转换、输出或表达。例如，地铁通道的楣头墙和吊顶空间面积大，与人距离远，因而，公众不可触摸、不可近距离观看，亲密的参与和体验行为无从进行。但作为高视角、大视野的空间位置，如果通过传感器捕捉人的行走、数量等，从而在视觉呈现上有所变化，则会有意想不到的效果。另一些空间则是由于通行或安全的要求，不允许客流聚集，如换乘通道、出入口、扶梯、屏蔽门附近等，因而此类空间不适合设置近距离现场行为互动的作品。但同时，往往恰恰是这些路过性空间的强制通过性，使得感应式互动作品的置入恰如其分，例如，南京苜蓿园站的音乐楼梯，在这件作品中，行人上下楼梯的脚步被传感器捕捉，进而实时在后台转化成对应的音阶播放出来，人在作品中行走，无意识中便好像触发了一架钢琴的自动演奏。而当空间条件允许时，路过性空间中设置的现场互动作品常常会有更大的吸引力——即便不像音乐楼梯那样强制地、不自觉地触发。《给台湾人的书》是设置于站厅层通道两侧的几本会自动翻页的小书。当没有民众观看时，装置的翻页是非常缓慢的。当有人开始观看，装置会自动回到首页，并以每页15秒的阅速率完整翻完这本小书。如果不赶时间，在喧闹的捷运中驻足阅读，又何尝不是一种充满悠闲文艺气息的心灵享受。再比如北京8号线地铁南锣鼓巷站的《北京·记忆》，也是设置在站厅层墙面，作品在互动内容上与地域特征相结合，方式上将现场互动与后台互动相结合，这样的处理在有效拉近作品与民众关系的同时，也减少了观众在现场的滞留。更有意思的是创作者把现场互动参与移动媒介相结合，这种可以“带得走”的互动，进一步延展了互动过程的时间与可能。《北京·记忆》成为典型的具有地域特征、展现场所精神的互动公共艺术作品。[5]

同时值得我们注意的一个空间是车行通道内墙壁空间。出于种种原因，利用这个空间的公共艺术作品尚无发现，但是该空间的特性显然具备互动公共艺术的可能。目前，这个空间大多被运用到了商业广告的推广之中，像北京、上海地铁利用视觉延时和单帧动画的原理完成的“动态”广告。设想如果将该区域更多地用于公共艺术设置，在作品中置入相关的互动参与的可能，想必定会给乘客带来行车途中不一样的体验。

四、互动性公共艺术介入地铁空间的原则

综上所述，互动性公共艺术介入地铁空间的优秀实践，无一不是艺术和空间、审美性和社会性相结合的结果。在满足地铁空间特有属性的前提下，如何最大化发挥当代公共艺术的价值，是地铁公共艺术创作的核心。结合上文论述及个人的地铁公共艺术创作实践，我们将互动性公共艺术介入地铁空间归纳为四大原则。

第一，艺术公共性原则。由于参与轨道交通的公众数量庞大、来源多样，人员结构远比任何城市区域中的受众更加复杂，因此，所有人都能理解作品就变得格外必要。这就要求作品的立意明确，形式语言简洁，通俗易懂，公众喜闻乐见。同时这也就是要求互动性公共艺术的参与方式简洁易懂、方便可行，不应因公众的教育程度、文化差异、年龄等产生理解和参与上的障碍、困难。

第二，空间通过性原则。地铁空间的首要功能是乘客通行，一切公共艺术应以不影响通行为前提。地铁公共艺术中的互动，尤其是主动互动，应该是一种可带走的互动体验，是会在公众的城市生活中持续发酵、持续产生关系和影响，而并不提倡在地铁空间的现场过久停留。

第三，设施安全性原则。地铁空间人流量大、密度高，安全问题是设计及施工过程中的重中之重。除通常所说的应格外注意吊装等施工过程和固定技术方面的问题外，地铁公共艺术设计者在考虑公众安全的同时，也应严格遵照相关规范、在密集人群的情境下能保证作品和建筑、设施的安全，以保证地铁的安全和稳定运营。

第四，维护便利性原则。易维护、低成本，是地铁公共艺术的天然要求。但对于部分依靠技术实现的互动性公共艺术而言，如果涉及诸如机械装置、传感器、电路控制、长时间LED照明等，其故障概率和养护频次的增加也必然成为其进入地铁空间的减分因素。地铁空间公共艺术应尽量一次性施工完成并长时间保证相对稳定的状态，个别特殊情况可相应放宽，但仍必须

以尽量不影响轨道交通运营、降低管理难度和成本为根本原则。很多我们在当代艺术、展览展示、景观等行业中常见的手段及元素如机械、电控、流水、风动、化学反应等，在介入地铁公共艺术的时候，应格外谨慎并反复论证。

在不久的将来，越来越多的地铁空间将因为互动性公共艺术的介入而获得新的生命力，轨道交通公共空间也将被延展至站厅、站台之外的物理空间、网络空间、社会空间，激活市民互动，体现出公共艺术的价值取向和社会作用，城市的精神品质也将会通过地铁公共艺术的创作体现出具有时代性的阐释。不远的将来，地铁空间也必将成为公众参与互动性公共艺术作品呈现的重要场所。

[1] 孙振华，鲁虹 . 公共艺术在中国，香港：香港心源美术出版社，2004：102.

[2] 章莉莉 : 上海地铁公共艺术发展规划研究 . 公共艺术，上海：上海书画出版社，2013/4：75.

[3] 武定宇，宿辰 . 从艺术装点空间到艺术激活空间——北京地铁公共艺术三十年的发展与演变，城市轨道交通研究，2015，4：1–3.

[4]“行政院”文化建设委员会编：《民国九十六年公共艺术年鉴》. 2007：41.

[5] 武定宇 . 北京地铁公共艺术的探索性实践——“北京 · 记忆”公共艺术计划的创作思考 . 装饰，2015，1：112–114.

《互动性公共艺术介入地铁空间的可行性探索》 武定宇发表于《美术研究》2016 年第 2 期

后记

POSTSCRIPT

对于公共艺术，我所知有限，因为公共艺术是一个综合、跨界的艺术学科，很难用明确而清晰的语言去界定它。但可以确信的是，中国的公共艺术发展到今天，其边界在不断更新，内涵也在不断扩充，公众的参与程度也在不断深入。“公共艺术”已经越来越成为被公众接受,有一定社会认知基础的艺术类型。这是新中国成立以来几代人坚持不懈努力的结果。

很多人都说，中国公共艺术的春天来了。是的，现在公共艺术生长的土壤变得肥沃了，公共艺术的可能性也多了，可以说眼前一片光明。但是我始终在思考，作为我们这一代年轻人到底应该在这个时代做什么？什么是我们应有的态度？又应该如何去延伸并发展现有的公共艺术？至今，我还无法完全回答这些问题。

在我看来，中国的公共艺术将不再是一件“舶来品”，它将植根于中国文化的土壤之中，延续中国文化“世界大同”的精神，走出一条“由内而外”的公共艺术道路。我们这个时代的公共艺术将不再是人们仰慕已久的纪念碑，它是更加贴近公众、更为本真的艺术行为。它会更注重一个个创造的过程，更在意与公众的对话，更像是去创造一次机会，去创造一个场景，让公共艺术与公众生活融为一体，让公众自发地参与公共艺术成为一种常态，让艺术家的引领成为一种需求……

本书写作的机缘是近几年有幸参与了多项地铁公共艺术的规划与创作，在此期间对国内外优秀的地铁公共艺术进行了实地调研，积累了一定的材料。2013 年北京高等院校青年英才计划项目“北京地铁公共艺术规划与创作研究”获批，成为了本书形成的契机。

在此，我要感谢课题组的研究成员宿辰、魏鑫和王浩臣，他们为本课题的完成付出了大量的心血，三年的时间我们共同探讨、相互督促完成了多篇专业的学术论文。特别要感谢宿辰和魏鑫在本书撰写过程中给予持续支持，无论是在撰写还是站点的设计表现上，他们都给予了最大的帮助与支持。

感谢任超在如此繁忙的学习工作中还坚持帮助设计和整理文件，使这些成果有了更好的呈现；感谢高雅桉、高畅、李雷、杨儒、成寒在资料收集和校对过程中给予的帮助；感谢台湾的颜名宏、王玉龄、林幸长、黄中宇、刘瑞如、陈玟君、曾久晏等朋友在台湾考察中给予的帮助；感谢江洋辉和蔚龙公司、高雄捷运公司提供的一手作品资料。感谢张绍波，王宏志在印刷之前对书籍设计上的调整。

感谢我的夫人王嘉妮，没有她的理解与支持，我不可能有这么多完整的时间进行写作。

最后，我要由衷感谢地铁公共艺术创作组的导师王中先生，感谢战友崔冬晖、李震、熊时涛、郭立明、张楠……是在和他们的摸爬滚打中才有了这些作品的实现。

这是笔者撰写的第一本著作，由于时间和条件的限制，再加上笔者能力有限，难免存在一些不足与错误。仅以此作为一段创作与思考的总结，望大家批评指正。

武定宇　　2015 年 11 月 21 日写于东坝首开 · 常青藤

参考文献
REFERENCE

图 1 来源：http://content.tfl.gov.uk/standard-tube-map.pdf

图 2 来源：https://charlottefieldingphotography.files.wordpress.com/2012/06/img_0005.jpg

图 3 来源：https://charlottefieldingphotography.files.wordpress.com/2012/06/presentation2.jpg

图 4 来源：http://www.jamescohan.com/artists/beatriz-milhazes/24

图 5 来源：http://edinburgh.stv.tv/articles/1325453-eduardo-paolozzis-london-tube-station-mosaic-art-moving-to-edinburgh/

图 6 来源：同上

图 7 来源：同上

图 8 来源：http://web.mta.info/maps/submap.html

图 9 来源：https://farm4.staticflickr.com/3211/2842264368_8e771c210b_o_d.jpg

图 10 来源：http://www.digitaljournal.com/image/119125

图 11 来源：http://www.digitaljournal.com/image/119126

图 12 来源：http://www.mymodernmet.com/profiles/blogs/tom-otterness-bronze-sculptures

图 13 来源：http://www.mymodernmet.com/profiles/blogs/tom-otterness-bronze-sculptures

图 14 来源：http://mic-ro.com/metro/metroart.html

图 15 来源：http://www.mymodernmet.com/profiles/blogs/tom-otterness-bronze-sculptures

图 16 来源：http://ilyabirman.net/projects/moscow-metro/i/diagram-only@2x.png

图 17 来源：http://www.yoka.com/dna/media/topic-d254234.html

图 18 来源：http://www.yoka.com/dna/media/topic-d254234.html

图 19 来源：http://www.yoka.com/dna/media/topic-d254234.html

图 20 来源：http://www.asergeev.com/pictures/archives/2011/973/jpeg/17.jpg

图 21 来源：https://twistedsifter.files.wordpress.com/2014/11/beautiful-moscow-metro-stations-20.jpg

图 22 来源：http://weheart.moscow/wp-content/uploads/Komsomolskaya.jpg

图 23 来源：http://mediad.publicbroadcasting.net/p/shared/npr/styles/x_large/nprshared/201506/411278937.jpg

图 24 来源：http://www.jpxf.com/uploads/allimg/110323/0552562C1-24.gif

图 25 来源：http://you.ctrip.com/travels/stockholm451/1740821.html

图 26 来源：http://you.ctrip.com/travels/stockholm451/1740821.html

图 27 来源：http://you.ctrip.com/travels/stockholm451/1740821.html

图 28 来源：http://you.ctrip.com/travels/stockholm451/1740821.html

图 29 来源：http://you.ctrip.com/travels/stockholm451/1740821.html

图 31 来源：http://you.ctrip.com/travels/stockholm451/1740821.html

图 32 来源：http://you.ctrip.com/travels/stockholm451/1740821.html

图 30 来源：http://you.ctrip.com/travels/stockholm451/1740821.html

图 31 来源：http://you.ctrip.com/travels/stockholm451/1740821.html

图 32 来源：http://you.ctrip.com/travels/stockholm451/1740821.html

图 33 来源：http://www.faguo.fr/images/plan-de-metro-paris.gif

图 34 来源：http://theredlist.com/wiki-2-343-917-1000-view-logo-visual-identity-profile-guimard-hector-1.html

图 35 来源：http://bbonthebrink.blogspot.com/2011/03/hector-guimard-metro-stations.html

图 36 来源：http://www.intellego.fr/soutien-scolaire-terminale-professionnelle/aide-scolaire-arts-appliques/art-nouveau/2113

图 37 来源：http://cn.bing.com/images/search?q=Hector+Guimard+Metro&view=detailv2&&id=93A6BA6D6D0944F6B3CEBCBA3FB12118D165D6D2&selectedIndex=12&ccid=0xQQUTbw&simid=608046651234912383&thid=OIP.Md314105136f04b429d3824412d177f64o0

图 38 来源 : http://lartnouveau.com/artistes/guimard/metro/metro_chardon_lagache1.htm

图 39 来源 :http://www.topit.me/user/412243/tag/%E6%B3%95%E5%9B%BD

图 40 来源：同上

图 41 来源：同上

图 42 来源：同上

图 43 来源：http://taipeipublicart.culture.gov.tw/tw/works.php?ID=311（台北市政府文化局公共艺术中文网）

图 44 来源：麻粒国际文化试验 江洋辉

图 45 来源：同上

图 46 来源：http://taipeipublicart.culture.gov.tw/tw/works.php?ID=314&type=photo&imgID=Img1&no=1（台北市政府文化局公共艺术中文网）

图 47 来源：麻粒国际文化试验 江洋辉

图 48 来源：同上

图 49 来源：同上

图 50 来源：同上

图 51 来源：同上

图 52 来源：同上

图 53 来源：同上

图 54 来源：同上

图 55 来源：台湾蔚龙艺术有限公司

图 56 来源：同上

图 57 来源：同上

图 58 来源：同上

内 容 简 介

本书内容：本书是我国首部系统讲解地铁公共艺术设计的专业图书。作者武定宇从事公共艺术设计实践多年，参与主持了多座地铁站公共空间设计，如南锣鼓巷站、奥林匹克公园站、清华东路西口站等。全书由地铁公共艺术概述、地铁公共艺术实践、学术文章等几部分组成。地铁公共艺术概论部分介绍了世界各地不同风格的多个地铁站，如伦敦、巴黎、纽约、莫斯科、斯德哥尔摩等。地铁公共艺术实践部分重点讲解了几个北京地铁站公共空间的设计过程。北京记忆、学子记忆、古都记忆、雕刻时光、孙子兵法、奥运中国梦，每个作品各具特色，既有古都的安详也有奥运的活力。从设计背景与周边环境，到公共安全与施工工艺，均做了深入地分析与思考。

本书特点：本书不再局限于以往“了解经典与模仿经典”的教学方法，而是采用“授人以渔”的方式，针对每个地铁站的设计创作过程，通过基础资料分析、空间布局研究、整体策划定位、作品创意解读等环节，让读者掌握公共艺术创作的共通性原理，使地铁空间设计始终有理可循、有据可依，注重想象力和创造力的培养，开拓出独具个人风格的设计之路。

适用范围：本书理论扎实，案例生动，图文并茂，通俗易懂，适合地铁公共艺术专业课教学，也可作为公共空间艺术创作者和研究者，以及艺术教育、室内空间设计等专业人员的自学用书。

图书在版编目(CIP)数据

地铁公共艺术创作：从观看，到实践 / 武定宇著. — 北京：海洋出版社，2016.9
ISBN 978-7-5027-9401-9

Ⅰ. ①地… Ⅱ. ①武… Ⅲ. ①地下铁道车站－环境设计 Ⅳ. ①U231②TU-856

中国版本图书馆 CIP 数据核字(2016)第 061959 号

作　　者：武定宇
责任编辑：赵　武　黄新峰
责任印制：赵麟苏
排　　版：海洋计算机图书输出中心　晓阳
出版发行：海洋出版社
地　　址：北京市海淀区大慧寺路 8 号（100081）
经　　销：新华书店
网　　址：www.oceanpress.com.cn
技术支持：（010）62100052
发 行 部：（010）62174379（传真）（010）62132549
（010）68038093（邮购）（010）62100077
总 编 室：（010）62114335
承　　印：北京画中画印刷有限公司
版　　次：2016 年 9 月第 1 版第 1 次印刷
开　　本：889mm×1194mm　1/16
印　　张：13.5
字　　数：320 千字
定　　价：128.00 元
本书如有印、装质量问题可与发行部调换